B. Ashok Kumar
P. Raja
A.K. Pandey

Enxertia em Brinjal (planta do ovo) para obter atributos de rendimento e qualidade

B. Ashok Kumar
P. Raja
A.K. Pandey

Enxertia em Brinjal (planta do ovo) para obter atributos de rendimento e qualidade

Enxertia em Brinjal (Solanum melongena L.) e resistência à murchidão

ScienciaScripts

Imprint

Any brand names and product names mentioned in this book are subject to trademark, brand or patent protection and are trademarks or registered trademarks of their respective holders. The use of brand names, product names, common names, trade names, product descriptions etc. even without a particular marking in this work is in no way to be construed to mean that such names may be regarded as unrestricted in respect of trademark and brand protection legislation and could thus be used by anyone.

Cover image: www.ingimage.com

This book is a translation from the original published under ISBN 978-620-2-00894-5.

Publisher:
Sciencia Scripts
is a trademark of
Dodo Books Indian Ocean Ltd. and OmniScriptum S.R.L publishing group

120 High Road, East Finchley, London, N2 9ED, United Kingdom
Str. Armeneasca 28/1, office 1, Chisinau MD-2012, Republic of Moldova, Europe
Printed at: see last page
ISBN: 978-620-7-65817-6

ÍNDICE DE CONTEÚDOS

RECONHECIMENTO

*É com imenso prazer que exprimo a minha sincera gratidão ao meu respeitado professor e guia, **Dr. A. K. Pandey,** Reitor da Faculdade de Horticultura e Silvicultura da Universidade Central de Agricultura, Pasighat, Arunachal Pradesh, pela sua orientação e sugestão capazes, pelo seu interesse constante, pelo seu encorajamento amável e pelas suas críticas construtivas durante o curso da investigação. O seu acompanhamento e encorajamento sinceros permitiram concluir o trabalho com perfeição. Tive o privilégio de trabalhar com ele. Estou-lhe extremamente grato por ter sido meticuloso ao longo da investigação e da preparação deste manuscrito. Continuarei a estar-lhe grato no meu pensamento pessoal e na minha carreira.*

*Quero deixar registados os meus profundos agradecimentos ao **Dr. S.D. Warade,** Professor e Diretor do Departamento de Ciências Vegetais, e ao **Dr. L. Wangchu**, Professor Associado do Departamento de Ciências da Fruta, membro do meu comité consultivo, pelas suas valiosas sugestões, inspiração e ajuda prestada durante o curso da investigação.*

*Expresso a minha profunda gratidão e o meu humilde respeito ao **Dr. P. Raja**, Professor Assistente, Departamento de Proteção das Plantas, membro do meu comité consultivo, pela sua valiosa sugestão, inspiração e ajuda liberal durante o curso da investigação.*

*Aproveito para expressar o meu humilde respeito e profundo sentimento de dívida para com o **Dr. P. Debnath,** Professor Associado, Departamento de Gestão de Recursos Naturais e o **Sr. Siddhartha Singh**, Professor Assistente, Departamento de Ciências Básicas, membro do meu comité consultivo, pela sua valiosa sugestão, inspiração e ajuda liberal durante o curso da investigação.*

*Expresso a minha gratidão e os meus mais sinceros cumprimentos ao **Dr. Rakesh Kumar Dubey** e ao **Dr. Vikas Singh**, professores assistentes do Departamento de Ciências Vegetais, pela sua generosidade em prestar um apoio valioso e fornecer a ajuda necessária durante o presente estudo.*

*Aproveito esta rara oportunidade para registar o meu amor sincero e os meus sinceros agradecimentos ao meu pai, **Shri Ramanarsaiah**, que sempre me apoiou, e à minha mãe, **Smt. Kallamma,** à minha irmã **Sunitha** e **Pushpa** e aos meus irmãos **Satheesh** e **Bhaskar**.*

*Devo os meus agradecimentos especiais ao **Sr. Amar Singh Shekhawat,** assistente de campo e de laboratório, à **Dra. Garima Upadhyay, SRA,** ao Sr. **Archan Rabha, R.A,** ao Sr. **Pramod Pandey, SRF,** ao Sr. **Katon Kartek, JRA,** ao **Sr. Tophel** e a outros trabalhadores agrícolas do Departamento de Ciências Vegetais pela sua ajuda durante o presente curso de investigação.*

As flores coloridas não teriam desabrochado sem a companhia dos meus adoráveis amigos. Agradeço sinceramente aos meus amigos, em especial a Venkat Ramana, Sanga, Uzma, Jitendra, Kuldeep, Nadia, Oder, Siyang, Sanket, Arshad, Alice, Salsara, Rishi, Laki, Kamei, Jaman, Mahesh, Devaraj, Pradeep, Vanlalnunpuia, Esther, Ayang, Eaphilo, Leenyia, Anmol, Ashuthosh, Adithya, Bipin e Sateesh, pelo seu amor e amável cooperação.

A apresentação que se segue é o trabalho assistido por muitas mãos e mentes, visíveis e invisíveis. Estou grato a todos eles.

Pasighat, 2015   **(B. ASHOK KUMAR)**

Capítulo 1

INTRODUÇÃO

A couve-brinjal *(Solanum melongena* L.) pertence à família Solanaceae. A família inclui 75 géneros e mais de 2000 espécies, a maioria das quais não produz tubérculos. Estudos citológicos indicaram que o número cromossómico básico 2n=2x=24 é o mesmo em quase todas as variedades e espécies (Choudhury, 1976). A brinjal é uma das culturas hortícolas mais importantes e amplamente cultivadas na Ásia tropical. Considera-se que é originária da região da Indo-Myanmar (Vavilov, 1928). A Índia é o segundo maior produtor mundial de brindes, a seguir à China. No nosso país, ocupa uma área de 7,22 hectares com uma produção anual de 13 toneladas, com uma produtividade de 13,6 toneladas/hectare (NHB Data Base, 2013), representando quase 26% da produção mundial. Bengala Ocidental é o principal produtor de beringela na Índia e contribui com 22% da produção total do país (NHB Data Base, 2013). O brinjal é normalmente uma cultura de autopolinização. No entanto, foi referido que o grau de polinização cruzada pode variar entre 2% e 48%. A heterostilia é uma caraterística comum que conduz à polinização cruzada.

A beringela é suscetível a numerosas doenças e parasitas, em particular à murchidão de Fusarium, à murchidão de Verticellium e à murchidão bacteriana, a nemátodos e a várias pragas de insectos (Collonnier *et al.,* 2001). A enxertia tem sido utilizada na horticultura desde o primeiro milénio. O processo envolve a junção de duas partes (um porta-enxerto e um rebento) de plantas diferentes para formar uma única planta viva. Tradicionalmente, a enxertia era efectuada em plantas perenes lenhosas como método de propagação assexuada de espécies que não enraizavam bem a partir de estacas vegetativas. [th]A partir do século XX, a enxertia começou a ser amplamente utilizada em culturas hortícolas anuais, especialmente populares na Ásia Oriental. [th]Esta tecnologia foi introduzida na Europa e noutros países no final do século XX, juntamente com métodos de enxertia melhorados, adequados à produção comercial de plântulas de produtos hortícolas enxertados. A enxertia é uma tecnologia eficaz para utilização em combinação com práticas de produção de culturas mais sustentáveis, reduzindo a aplicação intensiva de produtos químicos e fumigantes do solo para gerir os agentes patogénicos transmitidos pelo solo.

4

A enxertia de culturas hortícolas é um método simples de propagação que permite obter os porta-enxertos desejados para induzir o vigor, a precocidade, o aumento do rendimento e da qualidade e uma melhor sobrevivência em condições de stress abiótico e biótico. No passado recente, este método de propagação ganhou muita popularidade no Japão, na Coreia e nos EUA na enxertia de cucurbitáceas, tomate, beringela e pimento. A enxertia reduziu a dependência dos produtos químicos necessários para tratar as doenças transmitidas pelo solo e abriu novas perspectivas na agricultura biológica de produtos hortícolas. Outras invenções são mecanizadas e a enxertia robótica deu um impulso a esta nova abordagem ecológica (Pandey e Rai, 2003). Nos anos 90, várias indústrias de máquinas agrícolas inventaram robots de enxertia semi ou totalmente automatizados, mas os modelos disponíveis são limitados.

Hoje em dia, a enxertia é utilizada para reduzir a infeção por agentes patogénicos transmitidos pelo solo e para aumentar a tolerância a stresses abióticos. Entre estes, contam-se os solos salinos (Colla *et al.*, 2010), o stress do pH do solo (alcalinidade), a deficiência de nutrientes e a toxicidade de metais pesados. Outras condições abióticas para a aplicação de porta-enxertos são o stress térmico, a seca e as inundações, e os poluentes orgânicos persistentes.

A produção de produtos hortícolas enxertados foi iniciada no Japão e na Coreia no final da década de 1920, com a melancia *(Citrullus lanatus* Matsum et Nakai) enxertada em porta-enxertos de cabaça. Os produtos hortícolas como a beringela *(Solanum melongena),* o tomate *(Solanum lycopersicum)* e a melancia (*Citrullus lanatus*) são enxertados para aumentar o vigor, o rendimento, a tolerância à salinidade e às temperaturas extremas e a resistência às doenças (Rivard e Louws, 2008). A produção e a procura de plantas hortícolas enxertadas continua a aumentar na Ásia e na Europa, e começou a expandir-se para a América do Norte (Kubota e McClure 2008; Lee e Oda, 2003). Tem sido referido que a enxertia de beringela em espécies selvagens de *Solanum* e noutros porta-enxertos resistentes é uma técnica eficaz para controlar diferentes agentes patogénicos. A beringela é amplamente cultivada em regiões tropicais e temperadas de todo o mundo e é suscetível de ser enxertada (King *et al.*, 2010).

Tendo em conta estes factos, a presente experiência foi planeada para avaliar a compatibilidade do enxerto de variedades de beringela cultivadas em espécies selvagens de *Solanum* resistentes à murchidão bacteriana e também para determinar o desempenho de genótipos/variedades de beringela enxertados e não enxertados em condições de estufa.

Os objectivos importantes do presente inquérito são os seguintes

1) Selecionar porta-enxertos adequados para resistir à murchidão bacteriana.

2) Estudar a compatibilidade da enxertia de diferentes porta-enxertos de *Solanum* selvagem em genótipos/variedades cultivadas em condições de estufa.

3) Estudo comparativo de plantas enxertadas em espécies selvagens de *Solanum* e genótipos de beringela não enxertados.

Capítulo 2

REVISÃO DA LITERATURA

A Brinjal é propagada principalmente por sementes, mas, num passado recente, optou-se pela enxertia para obter resistência a doenças transmitidas pelo solo, rendimento e atributos de qualidade. A experiência foi planeada para selecionar porta-enxertos adequados para a resistência à murchidão bacteriana, compatibilidade de enxertia de diferentes porta-enxertos de *Solanum* selvagens com variedades cultivadas e estudo comparativo de plantas enxertadas com genótipos de beringela não enxertados. Neste capítulo, procedeu-se a uma revisão da literatura relativa ao problema em causa e às conclusões pertinentes de vários trabalhadores. Contudo, para além da beringela, foram também analisadas muitas outras culturas hortícolas, nomeadamente o tomate, o pimento, a melancia, o pepino, a abóbora e as abóboras. A literatura pertinente relativa ao presente inquérito é analisada em várias rubricas:

2.1 História da enxertia

Schwarza *et al.* (2010) analisaram de forma eficiente a utilidade da enxertia para atenuar os efeitos adversos do stress ambiental no desempenho das culturas hortícolas a nível agronómico, fisiológico e bioquímico. Uma forma de evitar ou reduzir as perdas de produção causadas por condições químicas e físicas adversas do solo e por stresses ambientais nos produtos hortícolas seria enxertá-los em porta-enxertos capazes de reduzir o efeito dos stresses externos no rebento. Os investigadores debruçaram-se também sobre as implicações para a seleção e a criação de porta-enxertos tolerantes ao stress.

King et al. (2010) relataram o sucesso da enxertia de melancia *(Citrullus lanatus (Thunb.)* Matsum e Nakai) em porta-enxertos de abóbora *[Cucurbita moschata* Duchesne ex. Poir]. A utilização de porta-enxertos pode melhorar as respostas de toda a planta ao stress biótico, melhorando o vigor da planta através da obtenção vigorosa de nutrientes do solo, evitando os agentes patogénicos do solo e tolerando as baixas temperaturas do solo, a salinidade e as condições de humidade do solo.

Kubota e McClure (2008) discutiram a história e o desenvolvimento da enxertia em culturas hortícolas na América do Norte. A enxertia em porta-enxertos específicos proporciona geralmente resistência a doenças e nemátodos transmitidos pelo solo e aumenta o rendimento. A enxertia é uma tecnologia eficaz para utilização em combinação com práticas de produção de culturas mais sustentáveis, incluindo taxas reduzidas e utilização global de fumigantes do solo em muitos outros países. São discutidas estratégias para resolver estas questões, incluindo a utilização de um ambiente altamente controlado para promover as plântulas padronizadas adequadas para a automatização e melhores técnicas de armazenamento.

King *et al.* (2008) realizaram uma experiência sobre enxertia para resistência a doenças. A perda potencial do brometo de metilo como fumigante do solo, combinada com a resistência dos agentes patogénicos aos pesticidas habitualmente utilizados, tornará a resistência aos agentes patogénicos transmitidos pelo solo ainda mais importante no futuro. Os principais problemas de doenças abordados pela enxertia incluem a murchidão de Fusarium, a murchidão bacteriana, a murchidão de Verticillium, a podridão radicular de Monosporascus e os nemátodos.

Rivero et al. (2003) expressaram a importância da enxertia na resistência às doenças do solo mais frequentes; na tolerância às baixas temperaturas características de muitas latitudes do mundo onde o cultivo intensivo é economicamente importante, na tolerância ao problema crescente da salinidade devido ao abuso de fertilizantes químicos e à desertificação em muitas zonas agrícolas, e na melhoria da absorção de água e de nutrientes inorgânicos.

Pandey e Rai (2003) opinaram que a enxertia é um método simples de propagação no qual se obtêm os porta-enxertos desejados para induzir vigor, precocidade, maior rendimento e qualidade e melhor sobrevivência em condições de stress abiótico e biótico. Afirmaram que este método de propagação ganhou muita popularidade no Japão, na Coreia e nos EUA na enxertia de cucurbitáceas, tomate, beringela e pimento.

Oda (2002) observou o efeito da enxertia no crescimento vegetal, na produção, na floração e na qualidade dos frutos, bem como na tolerância ao stress, causando distúrbios fisiológicos, doenças e pragas de insectos. Ele defendeu os usos e benefícios da enxertia, especialmente no melhoramento resistente e na produção de sementes. Também se estudou a translocação de minerais, a fotossíntese, as proteínas do floema e os alcalóides entre o enxerto e o porta-enxerto, os vários métodos de enxertia, incluindo a enxertia convencional, e os factores que afectam a compatibilidade do enxerto.

2.2 Enxertia de Solanáceas Culturas hortícolas

Eltayb *et al.* (2013) referiram que a enxertia de beringela *(Solanum melongena* L.) e pimento *(Capsicum annuum* L.) como enxertos em tomate como porta-enxerto tem a capacidade de influenciar e alterar a morfologia das folhas e flores da beringela e do pimento. Os resultados mostraram que o sucesso da cicatrização variou entre 70 e 96% e a percentagem média global foi de 84%. A forma da folha e da flor das plantas enxertadas foi alterada tanto na beringela como no pimento.

Leonardi e Giuffrida (2006), ao estudarem a variação do crescimento das plantas e da absorção de macronutrientes em tomateiro e beringela enxertados, observaram que a absorção de nutrientes por hectare diferia grandemente em relação às combinações de enxertia, particularmente no que respeita ao fósforo, ao cálcio e ao enxofre, cujas variações oscilavam entre 100 e 300%. Esta variabilidade parece estar relacionada com um grau diferente de absorção de nutrientes, expresso por concentrações variáveis dos mesmos nos tecidos das plantas.

2.2.1 Brinjal *(Solanum melongena* L.)

Ndereyimana *et al.* (2013) estudaram o efeito da enxertia, do espaçamento entre plantas e dos níveis de fertirrigação nos parâmetros de qualidade dos frutos da beringela. Após seis meses, as plantas foram podadas para obter a cultura da soca, que durou quatro meses. Os resultados indicaram que, além do teor de solasodina, outros parâmetros de qualidade foram significativamente afetados pelo espaçamento e pelos níveis de fertilização.

Na *et al.* (2012) observaram que a altura da planta, o diâmetro do caule, a área foliar e o volume da raiz da beringela enxertada eram mais elevados do que os da beringela não enxertada. A área de absorção ativa da raiz, o teor de clorofila e as actividades da peroxidase (POX) e da fenilalanina amonialiase (PAL) das beringelas enxertadas foram superiores aos das beringelas não enxertadas. A qualidade dos frutos não foi significativamente afetada pela enxertia. As actividades da urease e da catalase na rizosfera foram melhoradas pela enxertia.

Gisbert et al. (2011a) estudaram o desempenho da cultivar de beringela Cristal F1' enxertada num total de 17 porta-enxertos, incluindo cinco famílias. No geral, os porta-enxertos de beringela apresentaram boa compatibilidade e sucesso de enxerto. Enquanto os porta-enxertos de tomate tiveram uma fraca compatibilidade e os porta-enxertos de S. *habrochaites* puderam ser avaliados quanto ao rendimento e à produção de frutos. No caso dos nemátodos, alguns porta-enxertos eram resistentes, mas os porta-enxertos de tomate revelaram-se muito susceptíveis aos nemátodos. O rendimento, o número de frutos e a precocidade foram mais elevados nos porta-enxertos mais vigorosos, particularmente em *Solanum melongena * Solanum aethiopicum*. No entanto, foram obtidos maus resultados quando se utilizaram porta-enxertos de *Solanum incanum, Solanum aethiopicum* e *Solanum habrochaites*.

Gisbert *et al.* (2011 b) estudaram a utilização de híbridos interespecíficos de beringela *(Solanum melongena* L.) derivados de cruzamentos com espécies estreitamente relacionadas como uma abordagem para o desenvolvimento de novos porta-enxertos melhorados para a beringela. A enxertia de beringela em híbridos interespecíficos de beringela, especialmente no híbrido SI * SM, provou ser vantajosa para a produção de beringela, uma vez que o elevado vigor e a boa compatibilidade do porta-enxerto com o enxerto resultam numa melhoria do rendimento precoce e total sem efeitos negativos na qualidade ou composição aparente dos frutos.

Khan (2011) realizou uma experiência para estudar o efeito da enxertia no crescimento, desempenho e rendimento da beringela. As plantas enxertadas foram mais vigorosas do que as não enxertadas, tanto na estufa como em campo aberto, e produziram mais 34,1 e 43,3% de frutos do que o controlo, ao passo que as plantas enxertadas em primavera (RP) produziram mais 21,2% de frutos na estufa e menos 5,18% de frutos em comparação com o controlo no cultivo em campo aberto. As plantas auto-enxertadas RR não apresentaram diferenças significativas de produção em relação ao controlo em ambas as condições de cultivo.

Khan *et al.* (2011) efectuaram um estudo para investigar as alterações na capacidade fotossintética das folhas de uma beringela híbrida *Solanum melongena* L., cv. Rima (R). A capacidade fotossintética da folha foi estimada medindo as trocas gasosas da folha sob vários níveis de luz na concentração ambiente de CO_2 para aproximar a curva de resposta à luz da folha. As medições efectuadas na planta de controlo ® e nas beringelas auto-enxertadas (RR) mostram que a respiração foliar por unidade de área foliar não é alterada pela combinação enxerto/porta-enxerto. As capacidades fotossintéticas das folhas dos tratamentos de controlo e auto-enxertados não foram diferentes, enquanto uma das combinações enxerto/porta-enxerto (RH) mostrou uma alteração significativa em relação aos tratamentos de controlo. A condutância estomática e a transpiração das folhas não foram alteradas pela enxertia.

A enxertia aumentou as concentrações foliares de P e Mn e diminuiu a concentração de N em ambos os solos. Os resultados mostraram que, sob o mesmo programa de fertilização, as plantas enxertadas de 'Faselis' usaram os nutrientes mais eficientemente do que as de 'Pala'. A fertilização pode ser necessária quando as plantas enxertadas de 'Faselis' são cultivadas num solo infestado com os agentes patogénicos, uma vez que a enxertia e a infestação geralmente diminuem as concentrações foliares de N, Mg, Ca e Fe, quer reduzindo as concentrações de nutrientes diretamente, quer aumentando a concentração foliar de Mn (Curuk et *al.* 2010)

Gao *et al.* (2006) estudaram a diferença de tolerância ao frio com duas plântulas enxertadas, em condições de baixa temperatura (4 °C). Os resultados mostraram que o índice de lesão por frio e a taxa de fuga de electrólitos aumentaram tanto nas plântulas de beringela enxertadas como nas de raiz própria, mas o aumento foi menor nas plântulas enxertadas do que nas de raiz própria, especialmente nos porta-enxertos altamente tolerantes, e os parâmetros de fotossíntese também diminuíram. As actividades enzimáticas antioxidantes aumentaram com o tratamento a baixa temperatura durante o período inicial, tendo depois diminuído.

Bletsos (2003) relatou o efeito da enxertia no crescimento, rendimento e murcha de verticillium da beringela. O resultado mostra um aumento da produção precoce (GST, 45,5%; GSS, 18,4%) e da produção tardia (GST, 69,3%; GSS, 59,2%) em comparação com os controlos não infectados. A incidência da doença nas plantas não enxertadas foi maior durante as colheitas iniciais e tardias do que nas plantas enxertadas. *Solanum torvum* foi considerado mais resistente do que *Solanum sisymbriifolium,* porque as plantas enxertadas infectadas desenvolveram sintomas ligeiros, como indicado pelo índice de sintomas foliares significativamente mais baixo (valor médio 1,2 e 2,22) e pelo índice de doença (valor médio 1,55 e 3,38), respetivamente.

Rahman *et al.* (2002 a) tentaram efetuar um estudo para descobrir porta-enxertos resistentes à murchidão bacteriana e a compatibilidade do enxerto de variedades de plantas de ovos. Os resultados experimentais mostraram que as plantas enxertadas eram resistentes à murchidão bacteriana e as plantas de enxerto eram susceptíveis à murchidão em canteiros doentes. As plantas enxertadas também produziram mais do que as plantas de enxerto. O sucesso de enxertia mais elevado, com 95% de sucesso, registou-se em *Solanum torvum* com Sufala e o mais baixo em *Solanum sissymbrifolium* com Singnath. A maturidade dos frutos foi atrasada devido à enxertia, mas a enxertia prolongou o período de colheita em pelo menos 15 dias.

Rahman *et al.* (2002 b) estudaram os porta-enxertos resistentes de espécies de *Solanum* para enxertia de variedades cultivadas contra o nemátodo das galhas radiculares e para avaliar a compatibilidade da enxertia de variedades de plantas de ovos com porta-enxertos selvagens de *Solanum.* Seis espécies selvagens de *Solanum* e catorze variedades/genótipos foram testados contra o nemátodo das galhas. Porta-enxertos como *Solanum torvum* e *Solanum sissymbrifolium,* seis variedades/genótipos mostraram uma reação resistente.

Singh e Gopalakrishna (1997) enxertaram oito cultivares de beringela que diferiam em termos de produtividade, cor, forma dos frutos, resistência à murchidão bacteriana *(Pseudomonas* ou *Ralstonia solanacearum)* e ao jassídeo em porta-enxertos de *Solanum torvum* resistentes à murchidão bacteriana e avaliaram-nas durante os meses de verão em vellanikkara, kerala. As cultivares BB7 e Pusa Kranti, resistentes aos jassídeos, mas susceptíveis à murchidão, deram o rendimento mais elevado de 4,39 kg e 3,62 kg/planta, respetivamente, após enxertia em porta-enxertos de *Solanum torvum* e não apresentavam murchidão.

2.2.2 Tomate *(Solanum lycopersicum* Child.)

Ibrahim *et al.* (2014) relataram que as plantas enxertadas sob um nível de água mais baixo (WL1) aumentaram a vitamina C e a acidez titulável. A eficiência do uso da água aumentou nas plantas enxertadas sob um nível de água mais baixo. As plantas enxertadas sob um nível de água moderado (80% ETC) resultaram numa poupança de 16,7% na água de irrigação, com apenas uma ligeira redução no rendimento (0,7-1,3%).

Petran e Hoover (2014) observaram a compatibilidade do enxerto de *Solanum torvum* na enxertia interespecífica de tomate. Dois rebentos de tomateiro foram enxertados em *Solanum torvum* e no porta-enxerto de tomateiro 'Maxifort' para determinar a compatibilidade. O número médio de dias para a fusão do enxerto e a taxa de sobrevivência foram medidos para cada combinação enxerto/porta-enxerto. As estacas vegetativas de *Solanum torvum* tiveram a pior taxa de sucesso de enxertia como porta-enxerto (50% para ambos os enxertos), enquanto todos os outros genótipos de porta-enxertos tiveram taxas de sucesso estatisticamente semelhantes ou superiores. Não houve diferença significativa no tempo de fusão do enxerto entre os genótipos enxertados. Foi encontrada uma elevada compatibilidade em *Solanum torvum* derivado de sementes.

Hernandez (2012) observou uma resistência significativa ao damping off, *Alternaria,* complexo *Fusarium* e vírus Gemini do tomateiro utilizando materiais de enxerto.

Gebologlu *et al.* (2011) realizaram um estudo para determinar o efeito de diferentes porta-enxertos no rendimento, na qualidade e no teor de nutrientes de tomates enxertados em cultura sem solo. O rendimento comercializável foi obtido com uma taxa crescente de 13,85 a 32,73% de plantas não enxertadas para plantas auto-enxertadas. A vitamina C, a matéria seca solúvel em água e a acidez titulável não foram afectadas significativamente pelos porta-enxertos. Do mesmo modo, a utilização de plantas enxertadas não afectou significativamente o teor de nutrientes dos frutos de tomate.

Turhan *et al.* (2011) efectuaram estudos sobre enxertia inter-variedades de tomate e concluíram que a produção de frutos e o índice de frutos, o número de frutos/tronco e o peso dos frutos foram melhorados pela enxertia. A qualidade dos frutos, medida em termos de matéria seca, concentração de sólidos solúveis, açúcar total e teor de vitamina C, foi menor nos frutos das plantas enxertadas do que nas não enxertadas. Não foram encontradas diferenças significativas no teor de licopeno e pH. O teor de ácido titulável foi melhorado pela enxertia. Foi registado um efeito positivo da enxertia quando se utilizou Beaufort como porta-enxerto.

Venema et al. (2011) tentaram a seleção e a criação de porta-enxertos robustos como ferramenta para melhorar a eficiência da utilização de nutrientes e a tolerância ao stress abiótico no tomateiro. Sugeriram que os biomarcadores são ferramentas genéricas para desenvolver um método de rastreio fiável que apoie a seleção de porta-enxertos vigorosos.

Abdelmageed e Gruda (2009) realizaram uma experiência com a cultivar de tomate tolerante ao calor (cv.) 'Summerset' e a beringela cv. 'Black Beauty' como porta-enxertos e o tomate sensível ao calor cv. 'UC 82-B' como enxerto. As plantas T/E, por exemplo, apresentaram valores significativamente mais elevados de fluorescência da clorofila na fase final da frutificação, maior área foliar, peso fresco e seco da folha, número de grãos de pólen por flor e valores mais baixos de fuga de electrólitos do que as não enxertadas a 37/27 °C. Também as plantas T/T tiveram um melhor crescimento vegetativo do que as plantas não enxertadas.

Mohammed et al. (2009) investigaram o efeito da enxertia de tomate em diferentes porta-enxertos no crescimento e na produtividade em condições de estufa. As plantas produzidas a partir da enxertia do enxerto Cecilia F1 no porta-enxerto Beaufort eram as mais altas e tinham o maior número de folhas e diâmetro do caule em condições de estufa. A clorofila a e os carotenóides aumentaram significativamente após seis semanas de enxertia. A produtividade do tomate enxertado plantado em estufa aumentou significativamente e atingiu 21%. A enxertia diminuiu a quantidade de licopeno em todos os enxertos, mas o P-caroteno aumentou em Cecilia sobre Beaufort (5,46mg/kg).

Lykas *et al.* (2007) calcularam a eficiência do uso da água (WUE) e a eficiência do uso de fertilizantes (FUE) de plantas de tomate não enxertadas *(Lycopersicon esculentum* Mill.), bem como de plantas enxertadas. As plantas enxertadas tiveram 50 e 48% mais WUE e FUE, respetivamente. As plantas de tomate não enxertadas tinham uma área foliar 25 a 44% superior e um peso seco de rebentos e folhas 30% superior ao das plantas enxertadas. Em contrapartida, as plantas enxertadas tiveram uma produção de frutos frescos 31 a 39% mais elevada.

Marsic e Osvald (2004) referiram dois métodos de enxertia para a enxertia de tomate: enxertia em fenda e enxertia em tubo. Foi observada uma elevada percentagem (79-100%) de enxertos bem sucedidos, tanto para os rebentos como para os porta-enxertos de tomate, utilizando os métodos de enxertia de fenda e de tubo. Foi registado um efeito positivo da enxertia quando 'Monroe' foi utilizado como enxerto e 'Beaufort' como porta-enxerto. Quando 'Belle' foi utilizado como enxerto, observou-se um efeito negativo da enxertia, uma vez que a produção total de frutos das plantas não enxertadas foi significativamente superior à das plantas enxertadas em ambas as cultivares de porta-enxertos.

Ibrahim *et al.* (2001) testaram oito espécies selvagens de *Solanum* utilizando o pré-tratamento com GA3 para verificar a dormência e a taxa de germinação das sementes, bem como a sua potencialidade como porta-enxertos de tomate. A influência do tratamento com GA3 na germinação de sementes na maioria das espécies selvagens de *Solanum* não foi considerada eficaz, exceto *S. sanitwongsei, S. surathense* e *S. integrifolium.* Entre os porta-enxertos, S. *sissymbrifolium* teve melhor desempenho em termos de produção e de caracteres que contribuem para a produção do tomate.

2.2.3 Malagueta *(Capsicum annuum* L.)

Mendoza *et al.* (2013) relataram o efeito do porta-enxerto e do enxerto nos parâmetros de qualidade do pimentão. O teor de vitamina C, o P-caroteno e a capacidade antioxidante mostraram-se significativamente mais elevados em Fascinato do que em Janette. Em média, a enxertia aumentou as concentrações de P-caroteno e de vitamina C e melhorou a capacidade antioxidante, mas não teve influência nos teores de fenóis totais ou de licopeno.

Concluiu-se que a enxertia no porta-enxerto Terrano melhorou a qualidade nutricional dos frutos produzidos nas duas variedades de pimentão estudadas.

Jang *et al.* (2013) enxertaram três cultivares de pimento, 'Nokkwang', 'Saengsaeng Matkkwari' e 'Shinhong', em cinco porta-enxertos comerciais resistentes à praga de Phytophthora. O rendimento total comercializável não foi significativamente influenciado nem pelo auto-enxerto de pimento nem pelo enxerto com os cinco porta-enxertos comerciais. Em contrapartida, a enxertia influenciou a qualidade aparente dos frutos do pimento. As características dos frutos diferiram consoante as cultivares de porta-enxertos.

Gisbert et al. (2010) registaram um maior número de frutos por planta em malagueta utilizando a técnica de enxertia. No entanto, observaram algumas modificações, como alterações na forma das plantas enxertadas em relação às auto-enxertadas. Não houve alteração no teor de vitamina C, mas houve uma ligeira alteração nos nutrientes minerais.

Rodriquez e Bosland (2010) enxertaram as plântulas de *Capsicum annuum* L. no tomate 'Celebrity'. O enxerto em cunha apical e o enxerto em tubo foram ambos bem sucedidos. Ambos os tamanhos de clipes para o enxerto de tubo deram resultados semelhantes, 58% e 54% de sobrevivência para os clipes de tubo de 1,2 mm e 2,0 mm, respetivamente. No entanto, o enxerto em cunha apical teve a maior percentagem de sucesso, com uma taxa de sobrevivência de 100%.

2.3 Enxertia de culturas hortícolas de Cucurbitáceas

Singh e Rao (2014) sublinharam o papel da enxertia nas cucurbitáceas. Enumeraram os vários benefícios da enxertia, como evitar stresses abióticos e bióticos.

2.3.1 Pepino *(Cucumis sativus* L.)

Y ilmaz et al. (2011) observaram os efeitos da solarização do solo e da enxertia nos agentes patogénicos transmitidos pelo solo, na altura das plantas e no rendimento do pepino cultivado em estufa. Concluíram que, neste estudo, a combinação da solarização com a enxertia promoveu significativamente a floração precoce, o vigor das plantas, os rendimentos precoce e total e reduziu os danos provocados por nemátodos e pela murchidão do fusário.

2.3.2 Melancia *(Citrullus lanatus* L.)

Petropoulos et al. (2012) estudaram o efeito da enxertia e da temperatura pós-enxertia no desenvolvimento da planta de duas cultivares de melancia no momento do transplante e na qualidade subsequente dos frutos. Na altura do transplante no ano 1, as plantas a 16° C eram mais altas e tinham um peso fresco total mais elevado do que as plantas a 8° C. As plantas enxertadas de ambas as cultivares eram mais altas e tinham uma área foliar e um peso fresco mais elevados do que as plantas auto-enraizadas, independentemente do porta-enxerto. No ano 2, as plantas enxertadas de ambas as cultivares tiveram um melhor desenvolvimento do que as plantas auto-enraizadas. O peso médio dos frutos na colheita foi mais elevado nas plantas enxertadas do que nas plantas auto-enraizadas, e o teor de açúcar variou com a combinação enxerto-porta-enxerto.

Bekhradi et al. (2011) estudaram o efeito de três porta-enxertos de cucurbitáceas no crescimento vegetativo e no rendimento da melancia. Nesta experiência, a eficácia de dois tipos de métodos de enxertia, a enxertia de tubo e a enxertia de inserção de orifício, revelou que a enxertia de inserção de orifício proporcionou uma melhor taxa de sobrevivência do que o outro tipo. Os resultados revelaram que as plantas enxertadas tiveram um melhor crescimento vegetativo do que as plantas de controlo não enxertadas. Além disso, o comprimento do caule, o número de ramos laterais, o número de entrenós e os pesos frescos e secos do caule e das folhas foram melhorados; no entanto, a enxertia não teve um efeito significativo na qualidade e no rendimento dos frutos.

Pofu et al. (2011) estudaram a influência da enxertia inter-genérica de cultivares de *Citrullus* em espécies de *Cucumis* na sobrevivência dos enxertos, na floração, na produção de frutos e na acumulação de elementos nutritivos essenciais em condições de campo. Os porta-enxertos de Cucumis *africanus* e *Cucumis myriocarpus* nas cultivares "Congo" e "Charleston Gray" aumentaram a floração em 70-81 % e 96-77 %, respetivamente. Os porta-enxertos de *Cucumis nas cultivares* 'Congo' e 'Charleston Gray' aumentaram a produção de frutos frescos em 46-60 % e 48-115 %, respetivamente; e a massa seca de rebentos em 50-66 % e 30-104 %, respetivamente.

Mohammadi *et al.* (2009) avaliaram a sobrevivência e o desempenho do crescimento do melão iraniano enxertado em porta-enxertos de *cucurbitáceas*. Os porta-enxertos mostraram uma elevada compatibilidade de até 97% com os rebentos. Foram encontradas diferenças significativas no crescimento vegetativo em melões enxertados em porta-enxertos e treinados com diferentes métodos de treino. No melão enxertado, a atividade radicular foi mais elevada no porta-enxerto 'Shintozwa'.

Boughalleb *et al.* (2008) avaliaram melancias enxertadas contra a murcha de Fusarium e a podridão da coroa e da raiz de Fusarium. As plantas enxertadas revelaram-se mais resistentes aos isolados de Fusarium testados do que as plantas não enxertadas. Na fase jovem de desenvolvimento da planta, não se registaram diferenças significativas entre todos os porta-enxertos testados. Nas fases posteriores (floração e frutificação), o nível de resistência depende dos isolados e varia entre muito e moderadamente resistente. Por exemplo, o GV 100 e o Just permaneceram com um elevado nível de resistência.

Alan et al. (2007) observaram o efeito da enxertia no crescimento, rendimento e qualidade da planta de melancia, enxertando a cultivar de melancia Crispy em TZ-148 e RS-841, híbridos comerciais de *Cucurbita maxima* x *Cucurbita moschata* e um porta-enxerto experimental *(Lagenaria siceraria)* cv. 64-18. A enxertia afectou significativamente o crescimento das plantas. As plantas de controlo tinham um caule principal curto, um menor número de vinhas laterais e um baixo peso seco da raiz. A cv. 64-18 apresentou características de rendimento significativamente mais fracas do que os outros porta-enxertos. As plantas enxertadas melhoraram o crescimento e o rendimento das plantas.

2.4 Análises bioquímicas

Sonal *et al.* (2014) determinaram a solasodina na gama de 100,12 % -106,67 %, com uma percentagem baixa de R.S.D. intra e inter-dia (0,89 % e 1,25 %, respetivamente). A linearidade do método foi encontrada numa gama de 300-1500 pg /ml com LOD e LOQ de 100 pg /ml e 300 pg /ml, respetivamente.

Bhattacharya *et al.* (2013) estudaram o isolamento da solasodina a partir de várias partes de plantas. Utilizaram principalmente uma única etapa em que é efectuada a extração direta por hidrólise ácida dos glicosídeos do material vegetal e a aglicona solasodina é obtida por tratamento alcalino após a hidrólise do glicosídeo.

Gheewala *et al.* (2013) estudaram o conteúdo fitoquímico em *Solanum nigrum* L. O extrato bruto de frutos secos de *Solanum nigrum* foi analisado quanto à presença dos fitoconstituintes com a utilização de métodos analíticos como HPLC e GC-MS. Neste estudo, a solasodina foi o glicoalcalóide esteroidal com um teor mais elevado (5,85 mg /g) do que outros constituintes relativos e a aglicona solasodina estava presente em 75,94%, o que era significativamente mais elevado do que a solanidina.

A estimativa quantitativa de solasodina em plantas de *Solanum incanum* foi efectuada por Singani *et al.* (2013). A solasodina foi extraída das amostras por refluxo com ácido clorídrico em metanol 2,5 N, seguido de precipitação e extração com um solvente não polar. Foram obtidas bandas bem separadas e compactas de solasodina em placas de gel de sílica HPTLC utilizando o sistema de solventes clorofórmio: metanol (9,25: 0,75, v/v) a 0,30 ± 0,02 R f, depois de visualizadas com ácido anisaldeído-sulfúrico.

Demla e Verma, (2012) estudaram a atividade antioxidante de vários extractos de bagas de *Solanum xanthocarpum* utilizando um ensaio *in-vitro*. Os resultados do estudo mostram que o extrato etanólico de bagas apresenta propriedades máximas de eliminação de radicais livres e que existe uma correlação entre o potencial antioxidante e o teor de fenóis.

Yogananth *et al.* (2009) estimaram o teor de solasodina de calos cultivados no campo e *in vitro*. O teor de solasodina dos extractos de folhas cultivadas no campo foi de 0,0798 mg g-1 , enquanto o teor de solasodina nos extractos de calos *in vitro* foi de 0,142 mg g-1 em 2,5 mg/lit IAA + 0,5 mg/lit BAP, seguido de 0,1162 mg /g em 2 mg/lit NAA + 0,5 mg/lit BAP.

Saini *et al.* (2007) determinaram a solasodina a partir de cápsulas de *Solanum xanthocarpum* utilizando HPLC. A coluna de HPLC com detetor de UV foi utilizada para a estimativa quantitativa da solasodina. A fase móvel utilizada foi o tampão tris (pH-5,5): Acetonitrilo (1,9) com um caudal de 1,5 ml /minuto. A % p/p de solasodina obtida foi de 96,66 na formulação ayurvédica de código S1 e de 98,8 na segunda formulação de código S2.

Broveli *et al.* (2005) realizaram um processo simples de extração e isolamento de solasodina, a partir de frutos e folhas de *Solanum laciniatum* Ait. O rendimento de solasodina pura foi de 0,34, 0,04 por cento e 0,44, 0,16 por cento do peso seco de frutos e folhas, respetivamente. O rendimento máximo de 37,0 por cento de 16-DPA puro foi obtido utilizando hidrogenossulfato de tetrabutil amónio como catalisador de transferência de fase e dicromato de potássio como agente oxidante.

Cherkaoui *et al.* (2001) descreveram a eletroforese capilar não aquosa associada à deteção de UV para a separação e determinação de alcalóides esteróides. Após a otimização dos parâmetros electroforéticos, conseguiu-se uma separação fiável da solasodina e da solanidina numa mistura de metanol e acetonitrilo (20:80, v/v) contendo 25 *mM de* acetato de amónio e 1 *M de* ácido acético.

Weissenberg (2001) descreveu o processo "one-pot", combinando a hidrólise ácida direta dos glicosídeos no material vegetal e a extração *in situ* das agliconas libertadas após o tratamento alcalino. Foi também sugerida a aplicação do processo a frutos, folhas e culturas de tecidos de plantas de *Solanum khasianum*, frescas ou secas, finamente moídas, utilizando um sistema aquoso de duas fases de ácido clorídrico-tolueno.

Conseguiu-se um ensaio altamente sensível e reprodutível para a quantificação da solasodina utilizando uma coluna C-8 desactivada por bases e uma fase móvel ácida. Foram obtidos picos simétricos nítidos e uma relação linear entre a quantidade de solasodina injectada e a área sob o pico. Este método permite a quantificação de solasodina em quantidades tão baixas como 0,40 mg de amostras (Kittipongpatana, 1999).

Crabbe e Fryer (1982) efectuaram uma análise da solasodina e avaliaram o método adequado para a análise química da determinação da solasodina em material vegetal. Foram salientados alguns problemas relativos ao isolamento analítico da solasodina e à sua subsequente determinação colorimétrica.

Capítulo 3

MATERIAIS E MÉTODOS

O presente estudo, intitulado "Studies on grafting in brinjal *(Solanum melongena* L.) for yield & quality attributes", foi realizado em 2014 na Vegetable Research Farm, College of Horticulture and Forestry, Central Agricultural University, Pasighat, Arunachal Pradesh. Os pormenores dos materiais utilizados e dos métodos empregues durante o presente inquérito são descritos a seguir:

3.1 SÍTIO EXPERIMENTAL

A experiência foi realizada na Vegetable Research Farm, College of Horticulture and Forestry, Central Agricultural University, Pasighat, East Siang, Arunachal Pradesh, Índia, situada entre 28°04'N de latitude e 95° 22'E de longitude, com uma altitude de 153 metros acima do nível médio do mar. O clima desta zona é tropical húmido durante o verão e seco e ameno durante o inverno. Durante o inverno sopra um vento local seco e sazonal. O tipo de solo é franco-arenoso com um pH de 5,2. Os dados meteorológicos relativos às condições climatéricas prevalecentes durante a época de cultivo são apresentados no anexo I.

3.2 ESQUEMA E CONCEPÇÃO EXPERIMENTAL

A experiência foi realizada segundo o conceito de "Complete Randomized Design" (CRD) e as plantas não enxertadas foram utilizadas como controlo. Os pormenores do plano experimental são apresentados a seguir:

Data de sementeira	: 5 e 16 de março de 2014
N.º de réplicas	: 04
N.º de tratamentos	: 08
N.º de plantas por repetição	: 03
N.º de genótipos	
Espécie de porta-enxerto	: 04
Variedades de rebentos	: 02

3.3 MATERIAIS EXPERIMENTAIS

Os materiais experimentais para o presente estudo foram constituídos por quatro espécies selvagens de

Solanum cultivadas em vasos de plástico cheios de solo cultivável homogéneo, mantidos numa estufa de baixo custo, e dois genótipos de beringela foram cultivados em viveiros como material de enxerto. As plantas não enxertadas foram utilizadas como controlo.

3.3.1   As seguintes espécies de *Solanum* foram utilizadas como porta-enxertos

    a)   *Solanum torvum*   (T)

    b)   *Solanum xanthocarpum* (X)

    c)   *Solanum khasianum*   (K)

    d)   *Solanum surathense*   (S)

3.3.2   Foram utilizadas como enxerto as seguintes variedades de brinjal

    b) Pusa Shyamala (A)

    a) Pusa Hybrid-6 (B)

Tabela.3.1 Combinação de tratamentos

S. No	Treatment No.	Combination of treatment
1.	T1	*Solanum torvum* + Pusa Shyamala
2.	T2	*Solanum torvum* + Pusa Hybrid-6
3.	T3	*Solanum xanthocarpum* + Pusa Shyamala
4.	T4	*Solanum xanthocarpum* + Pusa Hybrid-6
5.	T5	*Solanum khasianum* + Pusa Shyamala
6.	T6	*Solanum khasianum* + Pusa Hybrid-6
7.	T7	*Solanum surathense* + Pusa Shyamala
8.	T8	*Solanum surathense* + Pusa Hybrid-6
9.	Tc	Non Grafted plants

3.3 MÉTODOS EXPERIMENTAIS

Quatro espécies selvagens de *solanum*, nomeadamente *Solanum torvum, Solanum xanthocarpum, Solanum khasianum* e *Solanum surathense,* foram utilizadas como porta-enxertos e duas variedades cultivadas de beringela, *ou seja,* Pusa Hybrid-6 e Pusa Shyamala, foram utilizadas como variedades de enxerto. As sementes das espécies selvagens de *Solanum* foram semeadas em viveiros a 5 de março de 2014. Vinte dias após a germinação, as sementes de espécies selvagens de *Solanum* foram transferidas para tabuleiros de plástico contendo solo arenoso e estrume de vaca bem decomposto. As sementes das variedades de beringela foram semeadas em viveiros a 16 de março de 2014. Antes da sementeira, as sementes foram tratadas com uma solução de GA3 (100ppm) durante 24 horas à temperatura ambiente para uma germinação rápida. Todos os cuidados foram tomados para o crescimento adequado das mudas. Foram enxertadas plântulas de porta-enxertos com quarenta a cinquenta dias de idade (fase de 4-5 folhas) e plântulas de variedades de beringela na fase de 3-4 folhas. Todas as plantas foram enxertadas pelo método de enxertia de fenda (Lee e Oda, 2003). Com uma lâmina de barbear, os porta-enxertos foram cortados abaixo das folhas e um corte longitudinal foi feito a 1,5 cm de profundidade, cerca de 75% da profundidade do caule. Os rebentos foram podados com 1-3 folhas e o caule inferior foi cortado numa cunha cónica para ser colocado dentro do corte profundo do porta-enxerto (Lee e Oda, 2003). Após a inserção, as uniões do enxerto foram envolvidas com parafilme de plástico para melhorar a estabilidade, reduzir a possibilidade de infeção e assegurar o contacto vascular (Toogood, 1999). Foi registado o número de plântulas com enxertia bem sucedida aos 10 e 30 dias após a enxertia (DAG). Foram registados os parâmetros das plantas e os parâmetros de qualidade dos frutos.

As bactérias transmitidas pelo solo foram isoladas de partes de plantas infectadas por bactérias através de um procedimento padrão e inoculadas em plantas enxertadas para verificar a resistência e a percentagem de incidência da doença foi calculada.

3.4 OBSERVAÇÕES REGISTADAS

3.5.1. Taxa de sobrevivência do enxerto (%)

Contou o número total de plantas sobreviventes após 10 dias de enxertia e calculou a taxa de sobrevivência final em percentagem.

3.5.2. Número de folhas por planta

O número de folhas por planta foi registado com um intervalo de 15 dias desde a enxertia até aos 60 dias de cada repetição e a média foi calculada.

3.5.3. Altura da planta (cm)

A altura das plantas foi registada com um intervalo de 15 dias desde a enxertia até aos 60 dias, tendo sido registada a altura máxima em cada repetição e calculada a altura média das plantas.

3.5.4. Dias necessários para a abertura da primeira flor

As plantas enxertadas foram registadas quanto à primeira floração a partir de 20 dias após a enxertia e foi calculada a média. O período mínimo e máximo necessário para a floração também foi registado.

3.5.5. Dias necessários para o vingamento dos frutos até à maturidade

O número de dias necessários para que os frutos atinjam a maturidade foi observado utilizando os padrões de maturidade da cultura e anotando as leituras. Contaram-se os dias necessários desde a frutificação até à maturação final.

3.5.6. Atributos dos frutos

Foram seleccionados cinco frutos de cada repetição e utilizados para medir o comprimento, o diâmetro, a circunferência e o peso dos frutos.

3.5.6.1 Número de frutos por planta

Em cada colheita, o número total de frutos foi contado em cada repetição e a média foi calculada.

3.5.6.2 Produção de frutos

Foram seleccionadas três plantas de cada repetição para medir o peso dos frutos até à última colheita, para pesar os frutos por planta e o peso médio dos frutos

3.5.7. Análise bioquímica dos frutos

3.5.7.1 TSS (^{0} Brix)

O espetrofotómetro foi utilizado para medir o SST dos frutos imediatamente colhidos de cada repetição e a média foi calculada e representada em^0 Brix.

3.5.7.2 Estimativa da solasodina em frutos secos de espécies de *Solanum*:

O princípio do método espetrofotométrico foi adotado para o ensaio dos alcalóides da solasodina através de um método colorimétrico.

3.5.7.2.1 Extração e estimativa:

O pó seco (25mg) foi refluxado num tubo de ensaio selado com 4 ml de HCl 1N durante 2 horas num banho de água a 1000C. O hidrolisado assim obtido foi basificado pela adição de 0,5 ml de hidróxido de sódio a 60 por cento (p/v). A mistura foi bem agitada e depois centrifugada a cerca de 1000 g durante 5 minutos. Ao sobrenadante foram adicionados 5 ml de clorofórmio. Os derivados hidrolisados foram extraídos para clorofórmio por agitação vigorosa. A camada inferior de clorofórmio foi retirada e completada até 5 ml. Adicionaram-se 2,5 ml de azul de bromotimol (BT) 2×10^{-4} M em tampão borato (P^H 8.0) e agitou-se durante 10 segundos. A camada inferior, cor de palha, foi retirada. Adicionou-se a esta camada 1 ml de hidróxido de sódio 0,2 M em metanol para desenvolver a cor azul, devido à formação do complexo aglicona-azul BT.

3.5.7.2.2 Normalização experimental:

Utilizou-se um padrão primário de 1mg/ml de solasodina preparado em clorofórmio para preparar padrões de trabalho de concentrações 20, 40, 60, 80, 100 pg, pipetando volumes adequados e completando o volume final com 4 ml. O restante procedimento foi idêntico ao descrito acima. A absorvância de cada concentração foi registada a 610 nm e traçada em função da quantidade de solasodina para construir a curva de calibração.

3.5.7.2.3 Cálculo do teor de solasodina:

O valor da absorvância foi substituído por "x" na equação de regressão e a quantidade de solasodina em 25 mg de amostra de planta foi calculada.

3.5.8. Parâmetros de raiz

3.5.8.1 Comprimento da raiz

O comprimento da raiz das plantas desenraizadas de cada repetição foi medido e a sua média foi calculada.

3.5.8.2 N.º de raízes por planta

Foram seleccionados três números de enxertos e os números de raízes primárias e secundárias foram contados para cada planta enxertada. O número médio foi calculado a partir do número total de raízes primárias e secundárias de todos os enxertos seleccionados.

3.5.8.3 Peso fresco das raízes

Foram seleccionados aleatoriamente três números de plantas desenraizadas e o peso fresco de cada raiz foi registado. O peso fresco médio das raízes foi calculado a partir do número total de peso fresco de todas as raízes de cada repetição.

3.5.8.4 Peso seco das raízes

As raízes, depois de terem obtido o peso fresco, foram mantidas numa estufa de ar quente durante 24 horas e, em seguida, foi registado o peso seco das raízes por planta em cada repetição.

3.5.9. ISOLAMENTO E INOCULAÇÃO DE BACTÉRIAS EM PLANTAS ENXERTADAS

3.5.9.1 ISOLAMENTO DO AGENTE PATOGÉNICO

Ralstonia solanacearum é uma bactéria transmitida pelo solo; este agente patogénico foi isolado de raízes e caules de brinjais doentes (variedade local de Pasighat) recolhidos na quinta da Faculdade de Horticultura e Silvicultura, Pasighat. Cortaram-se caules e raízes de 4-5 mm de tamanho, juntamente com o xilema, que foram esterilizados à superfície com cloreto de mercúrio a 0,1 por cento durante 30 segundos. Estes pedaços foram cuidadosamente lavados com água destilada durante três vezes. O método de diluição em série foi utilizado para o isolamento das bactérias. Neste método, uma quantidade conhecida (1 ml) de material é suspensa num volume conhecido de água esterilizada (9 ml) para fazer uma suspensão microbiana. As diluições em série são efectuadas pipetando volumes medidos para diluições em branco adicionais. Finalmente, adiciona-se uma alíquota de 1 ml das várias diluições a placas de Petri estéreis, às quais se adicionam 15 ml do meio de cultura estéril, frio e fundido, e incubam-se as placas, em posição invertida, a 25 ± 1^0 C. 3 a 7 dias após a incubação, observou-se o crescimento das bactérias no meio. As diluições 10^{-4} a 10^{-7} são seleccionadas para a contagem de bactérias. O meio de ágar nutriente foi suplementado durante a cultura das bactérias. O agente patogénico isolado foi purificado pelo método da placa de estrias.

3.5.9.2 MÉTODO DA PLACA DE DECANTAÇÃO

Para esta técnica, foram seleccionados um meio de ágar nutriente e colónias bacterianas com 10 dias de idade. As colónias seleccionadas da placa são utilizadas para posterior multiplicação a fim de obter uma cultura pura a partir de microrganismos misturados. Mergulha-se uma ansa esterilizada ou uma agulha de transferência numa suspensão diluída adequada de organismos, que é depois espalhada na superfície de uma placa de ágar já solidificada, de modo a fazer uma série de estrias paralelas e não sobrepostas. Depois de obter uma cultura pura a partir da mistura de diferentes bactérias, selecionar uma colónia bem isolada de cada placa e registar as suas características.

3.5.9.3 INOCULAÇÃO

Foram seleccionadas para inoculação plantas com dois meses de idade. A suspensão de esporos foi preparada raspando a superfície do crescimento com 10 dias de idade numa placa de ágar. Antes de pulverizar na planta hospedeira, foi diluída para $5*10^5$ esporos/ml. A preparação da suspensão de esporos e a contagem de esporos foram efectuadas com a ajuda de um hemocitómetro. A inoculação foi efectuada aplicando a solução na zona da raiz depois de danificar o sistema radicular da planta hospedeira. Após a inoculação, os vasos foram mantidos dentro da câmara de inoculação, onde se manteve uma humidade relativa suficiente e temperaturas óptimas

3.5.9.4 AVALIAÇÃO DA DOENÇA

A precisão dos métodos de avaliação e a qualidade dos dados variam em conformidade. Mais importante ainda, a avaliação de uma determinada doença numa cultura individual ao longo de vários anos pode fornecer indicadores para elucidar os factores que regem a sua incidência e gravidade.

A avaliação em termos de percentagem é aplicável às doenças que causam a morte completa das plantas (por exemplo: amortecimento, podridão radicular, murchidão, etc.). Nesta experiência, a incidência de *Ralstonia solanacearum* foi desenvolvida apenas por este método.

> A percentagem de incidência da doença = número de plantas infectadas / número total de plantas observadas*100

3.6 Análise estatística

Os dados obtidos foram analisados com recurso à análise de variância para o Delineamento Completamente Aleatório (DCA), tal como descrito por Panse e Sukhatme (1985). O nível de significância utilizado no teste F foi de 0,05 e os valores de diferença crítica (DC) foram calculados sempre que o teste F foi significativo.

Capítulo 4

RESULTADOS EXPERIMENTAIS

Os resultados obtidos na presente investigação intitulada "Estudos sobre enxertia em Brinjal *(Solanum melongena* L.) para atributos de rendimento e qualidade" foram submetidos a análise estatística para interpretação crítica das conclusões. Neste capítulo, os resultados foram apresentados com o apoio de quadros, gráficos e figuras, etc.

4.1 Efeito de diferentes combinações de porta-enxertos e enxertos de *Solanum* na taxa de sobrevivência

A taxa de sobrevivência das plantas enxertadas é apresentada no quadro n° (4.1). A taxa de sobrevivência das plantas enxertadas foi registada como significativa para cada tratamento 10 dias após a enxertia. A taxa de sobrevivência mais elevada, 67,5%, foi observada em *Solanum torvum* com Pusa Hybrid-6, seguida de *Solanum torvum* * Pusa Shyamala (66,57%). A taxa de sobrevivência mais baixa foi de 30 % em *Solanum xanthocarpum* com Pusa Shamala. Em porta-enxertos comerciais como *Solanum torvum* e *Solanum khasianum* foi observada uma taxa de sobrevivência máxima.

4.2. Efeito de diferentes combinações de porta-enxertos e enxertos de *Solanum* na altura

A altura das plantas enxertadas é apresentada no quadro n° (4.1). As observações registadas relativamente à altura das plantas enxertadas revelaram-se significativamente diferentes para cada tratamento. A altura máxima (54,88 cm) foi registada no porta-enxerto *Solanum torvum* enxertado com Pusa Shyamala, seguido de *Solanum torvum* * Pusa Hybrid-6 (53,38 cm). A altura mais baixa foi registada nas plantas de controlo (não enxertadas), ou seja, 31,1 cm. Os resultados mostraram que a enxertia com diferentes porta-enxertos afectou significativamente a altura da planta.

4.3 Efeito de diferentes combinações de porta-enxertos e enxertos de *Solanum* no número de folhas

O número de folhas das plantas enxertadas é apresentado no quadro n° (4.1). Os quatro porta-enxertos com oito combinações de tratamentos foram comparados quanto ao número de folhas após oito semanas de enxertia. As diferentes combinações de porta-enxertos e enxertos produziram um número variado de folhas, mas as plantas de controlo produziram o menor número de folhas, 18,38, em comparação com as combinações enxertadas.

A observação registou que, nas plantas enxertadas, *Solanum torvum* x Pusa Shyamala teve o maior número de folhas por planta (24,0), seguido de *Solanum xanthocarpum* x Pusa Hybrid-6 (22,25) e as folhas mais baixas foram contadas nas plantas não enxertadas (18,37).

4.4 Efeito de diferentes combinações de porta-enxertos e enxertos de *Solanum* nos dias até à primeira floração

O efeito da enxertia de genótipos de brinjal em diferentes porta-enxertos em relação aos dias até à floração é apresentado no quadro n.º 4.2. A floração mais precoce foi observada nas plantas não enxertadas e mais tardia nas plantas enxertadas. O período mínimo de 34,62 dias foi registado em plantas não enxertadas, seguido de 37,87 dias registados em S. *surathense* enxertada com Pusa Shyamala. O período máximo para a floração (46,37 dias) foi observado em *Solanum xanthocarpum* x Pusa Hybrid-6. A enxertia aumentou os dias necessários para a floração em comparação com as plantas não enxertadas.

4.5 Efeito de diferentes combinações de porta-enxertos e enxertos de *Solanum* nos dias necessários para o vingamento dos frutos até à maturação

Os dados apresentados no quadro nº (4.2) mostram que os dias necessários para o vingamento dos frutos até à maturidade foram significativos com diferentes porta-enxertos. O menor número de dias foi necessário em *Solanum torvum* x Pusa Shyamala para o amadurecimento dos frutos, seguido por *S. torvum* enxertado com Pusa Hybrid-6, que registou 20,93 dias para o amadurecimento dos frutos. As plantas não enxertadas necessitaram de um máximo de 24,87 dias. A enxertia de cultivares de beringela com porta-enxertos comerciais de *Solanum* reduziu os dias necessários para o vingamento dos frutos.

4.6 Atributos dos frutos

4.6.1 Efeito de diferentes combinações de porta-enxertos e enxertos de *Solanum* no número de frutos por planta
As observações relativas ao número total de frutos por planta são apresentadas no quadro (4.2), que indica que as plantas enxertadas tiveram um maior número de frutos por planta, em comparação com as plantas não enxertadas. Nas plantas enxertadas, a combinação de tratamentos *Solanum torvum* * Pusa Hybrid-6 produziu o maior número de frutos por planta (20,0), seguida por *Solanum torvum* * Pusa Shyamala (19,37 frutos por planta). As plantas não enxertadas produziram o menor número de frutos por planta (11,12).

4.6.2 Efeito de diferentes combinações de porta-enxertos e enxertos de *Solanum* no peso dos frutos

Os dados relativos ao efeito da enxertia no peso dos frutos são apresentados no quadro nº (4.2). O peso do fruto individual foi significativamente diferente para cada tratamento. O peso máximo dos frutos (64,25 g) foi registado em *Solanum torvum* * Pusa Hybrid-6 e foi seguido de perto por *Solanum torvum* * Pusa Shyamala (61,81 g). O menor peso de fruto foi registado em plantas não enxertadas (50,56 g).

O peso máximo dos frutos (1,32 kg /planta) foi registado em *Solanum torvum* * Pusa Hybrid-6, seguido de *Solanum torvum* * Pusa Shyamala (1,23 kg /planta). O menor peso de fruto por planta foi registado em plantas não enxertadas (0,56 kg /planta).

4.6.3 Efeito de diferentes combinações de porta-enxertos e enxertos de *Solanum* no comprimento dos frutos

Os dados relativos ao efeito da enxertia no comprimento dos frutos foram apresentados no quadro nº (4.3). O comprimento dos frutos depende da variedade que foi utilizada para a enxertia. No presente estudo, a observação revelou que as combinações enxertadas das variedades de frutos longos Pusa Shyamala com o porta-enxerto *Solanum torvum* tiveram o maior comprimento (11,25 cm), enquanto o menor comprimento (9,09 cm) foi observado em *Solanum surathense* enxertado com Pusa Shyamala.

Entre as variedades de frutos redondos, o maior comprimento foi registado na combinação de *Solanum surathense* * Pusa Hybrid-6 (6,028 cm) e o menor comprimento (4,24 cm) em *Solanum khasianum* * Pusa Hybrid-6.

4.6.4 Efeito de diferentes combinações de porta-enxertos e enxertos de *Solanum* no diâmetro dos frutos

Os dados relativos ao efeito da enxertia no diâmetro dos frutos foram apresentados no quadro nº (4.3). O diâmetro das plantas enxertadas da variedade de frutos longos foi significativamente diferente e a maior circunferência do fruto foi registada no tratamento combinado de *Solanum torvum* * Pusa Shyamala (3,55 cm) seguido de *Solanum surathense* * Pusa Shyamala (3,30 cm). O valor mais baixo foi encontrado em *Solanum xanthocarpum* * Pusa Shyamala (2,69 cm).

O diâmetro das plantas enxertadas da variedade de frutos redondos foi significativamente diferente e o valor mais elevado foi registado em *Solanum torvum* * Pusa Hybrid-6 (4,92 cm), mas foi igual ao de *Solanum surathense* * Pusa Hybrid-6 (4,41 cm). O valor mais baixo foi observado em *Solanum khasianum* * Pusa Hybrid-6 (3,61 cm).

4.6.5 Efeito de diferentes combinações de porta-enxertos e enxertos de *Solanum* na circunferência dos frutos

Os dados relativos ao efeito da enxertia na circunferência dos frutos foram apresentados no quadro nº (4.3). A circunferência das plantas enxertadas da variedade de frutos longos foi significativamente diferente e o valor mais alto foi registado no tratamento combinado de *Solanum torvum* * Pusa Shyamala (11,12 cm) seguido de *Solanum* *surathense* * Pusa Shyamala (10,36 cm). O valor mais baixo foi registado em *Solanum xanthocarpum* * Pusa Shyamala (8,36 cm).

A circunferência das plantas enxertadas da variedade de frutos redondos foi estatisticamente significativa e o valor mais elevado foi registado em *Solanum torvum* * Pusa Hybrid-6 (15,27 cm), seguido de *Solanum surathense* * Pusa Hybrid-6 (13,79 cm). O valor mais baixo foi registado em *Solanum khasianum* * Pusa Hybrid-6 (11,94 cm).

4.7 Parâmetros de raiz

O comportamento das raízes das plantas enxertadas foi apresentado no quadro (4.4) e o gráfico apresentado na fig. (4.5) revelou claramente que o porta-enxerto teve uma influência significativa nos parâmetros das raízes.

4.7.1 Efeito de diferentes combinações de porta-enxertos e enxertos de *Solanum* no comprimento das raízes

Os diferentes porta-enxertos e combinações de enxertos tiveram efeitos diferentes no comprimento das raízes. No entanto, o maior comprimento de raiz foi observado em *Solanum torvum* * Pusa Shyamala (56,5 cm) seguido por *Solanum torvum* * Pusa Hybrid -6 (49,87 cm). O menor comprimento de raiz foi registado em plantas não enxertadas (22,5 cm)

4.7.2 Efeito de diferentes combinações de porta-enxertos e enxertos de *Solanum* no número de raízes

O maior número de raízes por planta foi registado em *Solanum torvum* * Pusa Hybrid-6 (14,75 no. /planta) e está a par de *Solanum torvum* * Pusa Shyamala (14,5 no. /planta). O menor número de raízes por planta (8,37) foi registado em *Solanum xanthocarpum* * Pusa Hybrid-6.

4.7.3 Efeito de diferentes combinações de porta-enxertos e enxertos de *Solanum* no peso das raízes por planta

O peso das raízes foi significativamente afetado pela enxertia de genótipos de brinjal em porta-enxertos de espécies selvagens de *Solanum*. Os dados revelaram uma diferença significativa no peso fresco das raízes e o peso máximo das raízes (20,12 g) foi registado com o porta-enxerto *Solanum torvum*, quer tenha sido utilizado com Pusa Shyamala ou Pusa Hybrid-6, seguido de *Solanum khasianum* * Pusa Shyamala (16,62 g). O valor mínimo foi registado em *Solanum xanthocarpum* * Pusa Shyamala (12 g)

O peso seco das raízes também foi estatisticamente significativo em todos os tratamentos. O peso seco máximo (18,5 g) foi registado em *Solanum torvum* * Pusa Hybrid -6 (18,5 g) seguido de *Solanum torvum* * Pusa Shyamala (17,75 g). O peso mais baixo foi registado em *Solanum xanthocarpum* * Pusa Shyamala (10,37 g)

4.8 Parâmetros bioquímicos

4.8.1 Efeito de diferentes combinações de porta-enxertos e enxertos de *Solanum* no teor de SST

Os dados relativos ao teor de SST dos frutos são apresentados no quadro (4.5). Observou-se que a qualidade dos frutos, como o teor de TSS nas plantas enxertadas, foi significativamente afetada por diferentes espécies de porta-enxertos de *Solanum* selvagem. O TSS mais elevado foi registado em plantas não enxertadas, $(4,15^0$ Brix) seguido de *Solanum torvum* * Pusa Hybrid-6 $(4,02^0$ Brix) e o mais baixo foi registado em *Solanum xanthocarpum* * Pusa Shyamala, $(3,51^0$ Brix). Em geral, a enxertia de brinjal com porta-enxertos de *Solanum* selvagem reduziu o teor de TSS em comparação com os genótipos cultivados.

4.8.2 Efeito de diferentes combinações de porta-enxertos e enxertos de *Solanum* no teor de solasodina

Os dados relativos ao teor de solasodina dos frutos são apresentados no quadro 4.5. O teor mais elevado de solasodina, 0,293%, foi registado em *S. xanthocarpum* com Pusa Hybrid-6, seguido de *S. surathense* * Pusa Shyamala, 0,202%, e o valor mais baixo de solasodina, 0,108%, foi registado em plantas não enxertadas.

4.9 Efeitos de diferentes combinações de porta-enxertos e enxertos de *Solanum* na percentagem de infeção por murchidão bacteriana

Os dados relativos à taxa de infeção são apresentados no quadro nº (4.5). As observações registadas relativamente à percentagem de infeção por murchidão bacteriana variaram significativamente com todos os tratamentos. A taxa de infeção mais elevada foi observada em plantas não enxertadas (90,9%), seguida de *Solanum surathense* * Pusa Shyamala (58,52%). A infeção mais baixa foi registada em *Solanum torvum* * Pusa Shyamala (12,22%).

Tabela No.4.1.Efeito de diferentes porta-enxertos de *Solanum* e combinações de enxertos na percentagem de sobrevivência, altura da planta e número de folhas por planta

S. No	Treatment combinations	Survival rate of grafted plants (%)	Height (cm)	Number of leaves
1.	*S. torvum* × Pusa Shyamala	66.575	54.875	24.000
2.	*S. torvum* × Pusa Hybrid-6	67.350	53.375	22.250
3.	*S. xanthocarpum* × Pusa Shyamala	30.025	40.125	23.750
4.	*S. xanthocarpum* × Pusa Hybrid-6	30.150	41.500	19.625
5.	*S. khasianum* × Pusa Shyamala	40.300	50.813	19.375
6.	*S. khasianum* × Pusa Hybrid-6	39.225	50.000	20.750
7.	*S. surathense* × Pusa Shyamala	53.500	49.250	19.875
8.	*S. surathense* × Pusa Hybrid-6	49.675	49.625	19.000
9.	Non grafted plants	-	31.750	18.375
10.	CD(0.05)	4.508	8.021	3.772
11.	SED	2.183	3.9	1.838

Quadro No.4.2. Efeito de diferentes combinações de porta-enxertos e enxertos de *Solanum* nos dias necessários para a primeira floração, dias necessários para a maturação dos frutos, número de frutos por planta e peso dos frutos das plantas enxertadas

S. No	Treatment combinations	Days to first flowering	Days required for fruit setting to maturity	No. of fruits /plant	Weight of fruit (g)	fruit weight (kg /plant)
1.	*S. torvum* × Pusa Shyamala	39.425	19.313	19.375	61.813	1.234
2.	*S. torvum* × Pusa Hybrid-6	39.875	20.938	20.000	64.250	1.323
3.	*S. xanthocarpum* × Pusa Shyamala	44.375	23.813	14.125	53.500	0.757
4.	*S. xanthocarpum* × Pusa Hybrid-6	46.375	23.375	14.375	53.250	0.765
5.	*S. khasianum* × Pusa Shyamala	43.463	22.375	15.625	59.813	0.956
6.	*S. khasianum* × Pusa Hybrid-6	41.875	23.438	15.000	61.188	0.925
7.	*S. surathense* × Pusa Shyamala	37.875	21.938	15.000	61.250	0.942
8.	*S. surathense* × Pusa Hybrid-6	41.000	23.813	16.250	60.500	1.007
9.	Non grafted plants	34.625	24.875	11.125	50.563	0.566
10.	CD (0.05)	5.858	2.428	1.958	6.199	0.159
11.	SED	2.853	1.183	0.954	3.02	0.077

Tabela No.4.3.Efeito de diferentes porta-enxertos de *Solanum* e combinações de enxertos nos atributos dos frutos

S. No	Type of variety	Treatment combinations	Length of fruits (cm)	Diameter of fruits (cm)	Circumference of fruits (cm)
1.		*S. torvum* × Pusa Shyamala	11.255	3.555	11.125
2.		*S. xanthocarpum* × Pusa Shyamala	9.730	2.690	8.365
3.	long fruited	*S. khasianum* × Pusa Shyamala	9.940	2.710	8.973
4.	variety	*S. surathense* × Pusa Shyamala	9.090	3.303	10.365
5.		CD (0.05)	1.745	0.342	0.955
6.		SED	0.8	0.156	0.438
1.		*S. torvum* × Pusa Hybrid-6	5.718	4.923	15.273
2.	round fruited variety	*S. xanthocarpum* × Pusa Hybrid-6	4.485	4.205	12.368
3.		*S. khasianum* × Pusa Hybrid-6	4.248	3.610	11.943
4.		*S. surathense* × Pusa Hybrid-6	6.028	4.410	13.798
5.		CD (0.05)	0.621	0.440	1.644
6.		SED	0.284	0.201	0.754

Quadro No.4.4.Efeito de diferentes porta-enxertos de *Solanum* e combinações de enxertos no comportamento de enraizamento das plantas enxertadas

S. No	Treatment combinations	Number of roots	Length of roots (cm)	Fresh weight of roots (g)	Dry weight of roots (g)
1.	*S. torvum* × Pusa Shyamala	14.500	56.500	20.125	17.750
2.	*S. torvum* × Pusa Hybrid-6	14.750	49.875	20.125	18.500
3.	*S. xanthocarpum* × Pusa Shyamala	8.375	35.375	12.000	10.375
4.	*S. xanthocarpum* × Pusa Hybrid-6	7.250	38.000	12.500	10.850
5.	*S. khasianum* × Pusa Shyamala	11.000	46.125	16.625	14.750
6.	*S. khasianum* × Pusa Hybrid-6	11.625	44.250	14.125	12.875

S. No	Treatment combinations	Number of roots	Length of roots (cm)	Fresh weight of roots (g)	Dry weight of roots (g)
7.	*S. surathense* × Pusa Shyamala	9.750	38.625	15.875	14.250
8.	*S. surathense* × Pusa Hybrid-6	10.750	35.375	13.500	11.500
9.	Non grafted plants	11.750	22.500	15.750	12.250
10.	CD(0.05)	3.155	14.713	5.473	5.157
11.	SED	1.537	7.167	2.666	2.513

No.4.5.Efeito de diferentes combinações de porta-enxertos e enxertos de *Solanum* nos parâmetros bioquímicos e na infeção por murchidão bacteriana

S. No	Treatment combinations	TSS content (°Brix)	Solasodine content (%)	Bacterial wilt infection (%)
1.	*S. torvum* × Pusa Shyamala	3.730	0.164	12.15
2.	*S. torvum* × Pusa Hybrid-6	4.023	0.172	13.15
3.	*S. xanthocarpum* × Pusa Shyamala	3.515	0.181	48.40
4.	*S. xanthocarpum* × Pusa Hybrid-6	3.823	0.293	51.00
5.	*S. khasianum* × Pusa Shyamala	3.620	0.185	44.30
6.	*S. khasianum* × Pusa Hybrid-6	3.898	0.132	40.00
7.	*S. surathense* × Pusa Shyamala	3.610	0.202	58.52
8.	*S. surathense* × Pusa Hybrid-6	3.863	0.166	55.30
9.	Non grafted plants	4.158	0.108	90.90
10.	CD(0.05)	0.248	0.019	2.279
11.	SED	0.137	Nil	1.11

Fig.4.1. Efeito de diferentes combinações de porta-enxertos e enxertos de *Solanum* na relação entre a percentagem de sobrevivência, a altura da planta e o número de folhas por planta

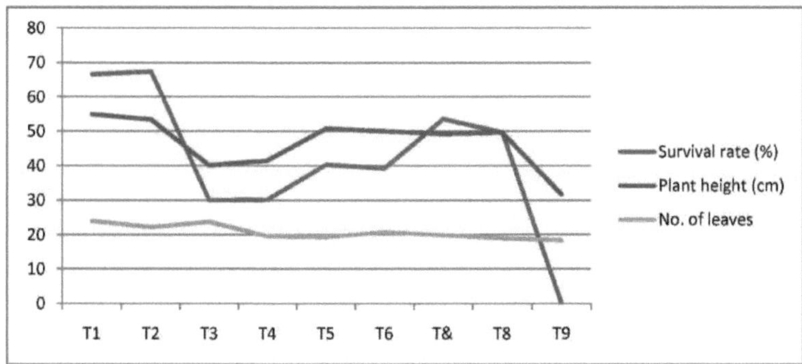

T_1 = *Solanum torvum* x Pusa Shyamala, T_2 = *Solanum torvum* x Pusa Hybrid-6, T_3 = *Solanum xanthocarpum* x Pusa Shyamala T_4 = *Solanum xanthocarpum* x Pusa Hybrid-6, T_5 = *Solanum khasianum x Pusa* Shyamala, T_6 = *Solanum khasianum* x Pusa Hybrid-6, T_7 = *Solanum surathense x* Pusa Shyamala, T_8 = *Solanum surathense* x Pusa Hybrid-6 T_9 = plantas de controlo

Fig.4.2. Efeito de diferentes combinações de porta-enxertos e enxertos de *Solanum* na relação entre dias para a primeira floração, dias necessários para a frutificação até a maturidade e número de frutos por planta

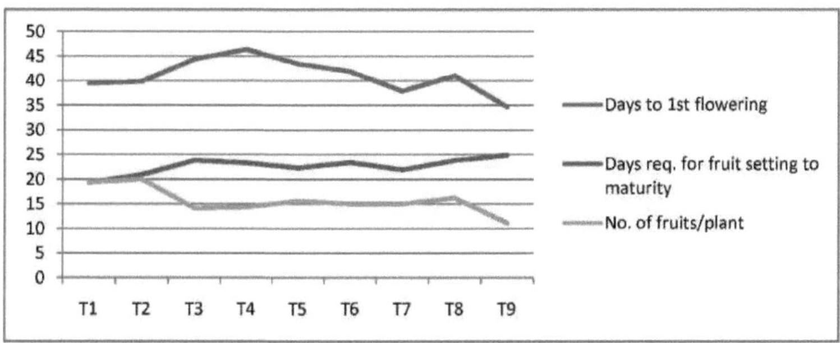

T_1 = *Solanum torvum* x Pusa Shyamala, T_2 = *Solanum torvum* x Pusa Hybrid-6, T_3 = *Solanum xanthocarpum* x Pusa Shyamala T_4 = *Solanum xanthocarpum* x Pusa Hybrid-6, T_5 = *Solanum khasianum x Pusa* Shyamala, T_6 = *Solanum khasianum* x Pusa Hybrid-6, T_7 = *Solanum surathense x* Pusa Shyamala, T_8 = *Solanum surathense* x Pusa Hybrid-6 T_9 = plantas de controlo

Fig.4.3. Efeito de diferentes combinações de porta-enxertos e enxertos de *Solanum* na relação
entre o peso do fruto e o peso do fruto por planta

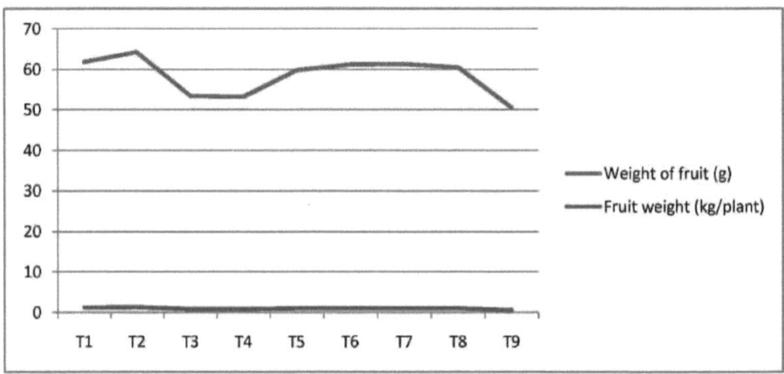

T1= *Solanum torvum* x Pusa Shyamala, T_2 = *Solanum torvum* x Pusa Hybrid-6, T_3 = *Solanum xanthocarpum* x Pusa Shyamala T_4 = *Solanum xanthocarpum* x Pusa Hybrid-6, T_5 = *Solanum khasianum x Pusa* Shyamala, T_6 = *Solanum khasianum* x Pusa Hybrid-6, T_7 = *Solanum surathense x* Pusa Shyamala, T_8 = *Solanum surathense* x Pusa Hybrid-6 T_9 = plantas de controlo

Fig.4.4. Efeito de diferentes combinações de porta-enxertos e enxertos de *Solanum* na relação entre número, comprimento, peso fresco e peso seco das raízes

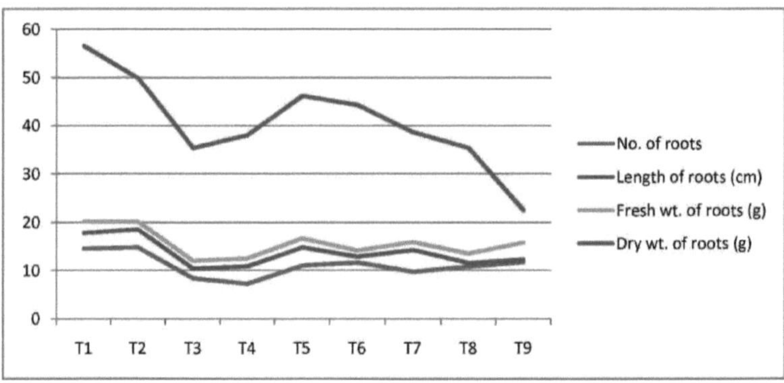

T1= *Solanum torvum* x Pusa Shyamala, T_2 = *Solanum torvum* x Pusa Hybrid-6, T_3 = *Solanum xanthocarpum* x Pusa Shyamala T_4 = *Solanum xanthocarpum* x Pusa Hybrid-6, T_5 = *Solanum khasianum x Pusa* Shyamala, T_6 = *Solanum khasianum* x Pusa Hybrid-6, T_7 = *Solanum surathense x* Pusa Shyamala, T_8 = *Solanum surathense* x Pusa Hybrid-6 T_9 = plantas de controlo

Fig.4.5. Efeito de diferentes combinações de porta-enxertos e enxertos de *Solanum* na relação entre o teor de TSS e o teor de Solasodina

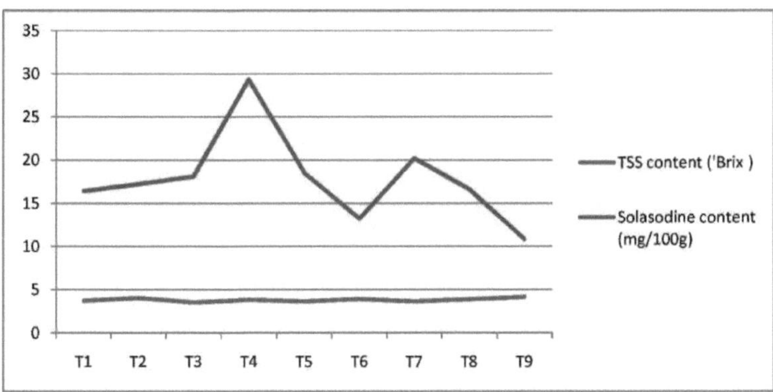

T_1 = *Solanum torvum* x Pusa Shyamala, T_2 = *Solanum torvum* x Pusa Hybrid-6, T_3 = *Solanum xanthocarpum* x Pusa Shyamala T_4 = *Solanum xanthocarpum* x Pusa Hybrid-6, T_5 = *Solanum khasianum x Pusa* Shyamala, T_6 = *Solanum khasianum* x Pusa Hybrid-6, T_7 = *Solanum surathense x* Pusa Shyamala, T_8 = *Solanum surathense* x Pusa Hybrid-6 T_9 = plantas de controlo

Fig.4.6. Efeito de diferentes combinações de porta-enxertos e enxertos de *Solanum* na percentagem de infeção por murchidão bacteriana

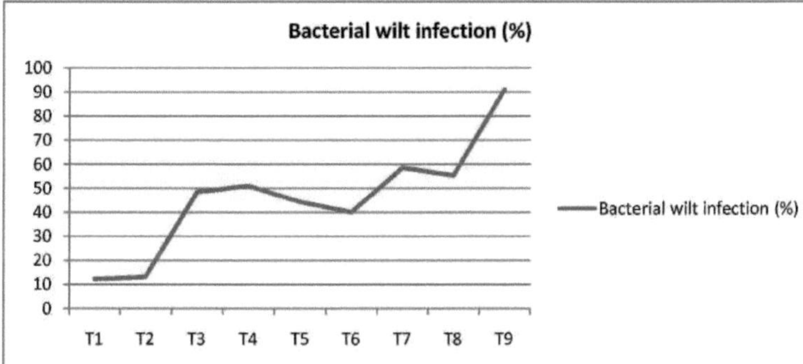

T_1 = *Solanum torvum* x Pusa Shyamala, T_2 = *Solanum torvum* x Pusa Hybrid-6, T_3 = *Solanum xanthocarpum* x Pusa Shyamala T_4 = *Solanum xanthocarpum* x Pusa Hybrid-6, T_5 = *Solanum khasianum x Pusa* Shyamala, T_6 = *Solanum khasianum* x Pusa Hybrid-6, T_7 = *Solanum surathense x* Pusa Shyamala, T_8 = *Solanum surathense* x Pusa Hybrid-6 T_9 = plantas de controlo

Capítulo 5

DISCUSSÃO

A couve-brincadeira *(Solanum melongena* L.) é uma das culturas hortícolas mais importantes e mais cultivadas na Ásia. Entre as culturas hortícolas das Solanáceas, a couve-galega é amplamente cultivada na Índia. É vulgarmente conhecida como "planta do ovo". A brinjal é propagada comercialmente por plântulas, mas a planta é suscetível a numerosos agentes patogénicos transmitidos pelo solo. Foi referido que a enxertia da beringela com espécies selvagens de *Solanum* ou porta-enxertos resistentes é uma técnica eficaz para controlar diferentes agentes patogénicos, como os nemátodos, a murchidão de Verticellium, a murchidão bacteriana e a murchidão de Fusarium. Entre os diferentes métodos de enxertia, a enxertia em fenda é utilizada comercialmente na brinjal e é um método simples, barato e rápido de técnica robótica. A taxa de sobrevivência das plântulas enxertadas depende do tipo, da idade e da espessura do porta-enxerto e do rebento, bem como das condições ambientais da zona em causa. Tendo em conta estes factos, a presente experiência foi planeada para avaliar os "Estudos sobre enxertia em brinjal *(Solanum melongena* L.) para atributos de rendimento e qualidade" no distrito de East Siang de Arunachal Pradesh. As conclusões do presente estudo, bem como os resultados obtidos, são discutidos nos pontos seguintes:

5.1. Efeito dos porta-enxertos na taxa de sobrevivência das plantas enxertadas

A taxa de sobrevivência dos genótipos de brinjal enxertados em porta-enxertos de *Solanum* selvagem variou consoante as espécies de *Solanum* utilizadas como porta-enxertos e as variedades/híbridos de brinjal utilizados como enxerto. A enxertia de Pusa Hybrid-6 em porta-enxertos de *Solanum torvum* registou a taxa de sobrevivência mais elevada (67,5 %) em comparação com todas as outras combinações de enxertos. A taxa de sobrevivência mais baixa foi observada em *Solanum xanthocarpum* com 30% quando enxertado com Pusa Shyamala. A taxa de sobrevivência mais elevada de plantas enxertadas com o porta-enxerto *Solanum torvum* está de acordo com as observações de Petron e Hoover (2014), que obtiveram a maior compatibilidade de porta-enxertos de *Solanum torvum* derivados de sementes.

5.2. Medição da biomassa da beringela enxertada em diferentes porta-enxertos

Os resultados registados da produção de biomassa de brinjal mostraram uma variação significativa entre plantas enxertadas e não enxertadas. Foi referido que a enxertia promove o crescimento vegetativo a diferentes níveis, dependendo das características do porta-enxerto. A altura das plantas e o número de folhas das plantas enxertadas foram significativamente superiores aos das plantas não enxertadas nos períodos iniciais de crescimento de 6-8 semanas após a enxertia, em condições de estufa. A altura de planta mais elevada foi registada em *Solanum torvum* enxertado em Pusa Shyamala e a mais baixa nas plantas de controlo. Os resultados mostraram que a enxertia com diferentes porta-enxertos afectou significativamente a altura das plantas. Os resultados do presente estudo estão de acordo com o relatório de Lee (1994), que constatou que as plantas enxertadas eram mais altas e mais vigorosas do que as auto-enraizadas. Bletsos (2003) verificou que a beringela enxertada em porta-enxertos vigorosos e resistentes a doenças era mais alta e tinha um maior diâmetro do caule principal.

No presente estudo, observou-se um número variável de folhas durante o período inicial de crescimento da planta. Além disso, *Solanum torvum* * Pusa Shyamala teve o maior número de folhas por planta, enquanto foi menor em plantas não enxertadas. Estas observações estão em estreita conformidade com os relatórios de Pulgar *et al.* (2000) e Oda (1995) que observaram um maior número de folhas em plantas enxertadas devido a uma maior absorção de água e nutrientes.

Esta técnica melhorou o vigor do sistema radicular, resultando na promoção do crescimento e no aumento da produção em condições de crescimento. Os resultados mostram que o peso fresco e o peso seco das raízes mais elevados em *Solanum torvum* enxertado em Pusa Hybrid-6 e o mais baixo foi registado em *Solanum xanthocarpum* * Pusa Shyamala. Muitos investigadores referiram que existe uma interação entre os porta-enxertos e os enxertos que resulta num aumento do sistema radicular. No presente estudo, independentemente do enxerto Pusa Shyamala ou Pusa Hybrid-6, o porta-enxerto *Solanum torvum* expressou o número máximo de raízes, o seu comprimento, peso fresco e peso seco. Além disso, todas as plantas enxertadas apresentaram um comprimento de raiz mais longo do que as plantas não enxertadas. Isto pode dever-se à influência positiva dos porta-enxertos no comportamento de enraizamento das plantas enxertadas. Os presentes resultados estão em conformidade com o relatório de Alan *et al.* (2007), que obtiveram um peso seco de raiz superior ao das plantas de controlo.

5.3. Efeito dos porta-enxertos no número de dias necessários para a floração da brinjal enxertada

De um modo geral, observou-se que as plantas não enxertadas floresceram mais cedo do que as enxertadas. A floração foi tardia na Pusa Hybrid-6 enxertada com *Solanum xanthocarpum, seguida da* Pusa Shyamala enxertada com *Solanum khasianum*. O atraso da floração nas plantas enxertadas pode dever-se ao facto de o crescimento das plantas de enxerto ter sido interrompido ou abrandado durante quase uma semana devido à enxertia e ao crescimento vegetativo prolongado. Resultados semelhantes de floração retardada em plantas enxertadas foram registados por Suthar *et al.* (2005), Matsuzoe *et al.* (1990) e Ali *et al.* (1994) em beringela.

5.4. Efeito dos porta-enxertos no número de dias necessários para o vingamento dos frutos até à maturidade da brinjal enxertada

A enxertia da beringela influenciou significativamente os dias necessários para a floração até à frutificação. O *Solanum torvum* enxertado em Pusa Shyamala necessitou de menos 19,31 dias para a frutificação até à maturação. As plantas não enxertadas precisaram de mais 24,87 dias, seguidas por *Solanum surathense* enxertado em Pusa Hybrid-6, que precisou de 23,81 dias para a frutificação até a maturidade. Bletsos *et al.* (2003) observaram uma taxa de floração precoce e elevada em plantas enxertadas.

5.5. Efeito dos porta-enxertos nos atributos dos frutos de brinjais enxertados

Nos presentes resultados, as plantas enxertadas em *Solanum torvum* deram o maior número de frutos, enquanto as plantas não enxertadas produziram o menor número de frutos por planta. Resultados semelhantes foram observados por Matsuzoe *et al.* (1990), Ali *et al.* (1994) e Ibrahim *et al.* (2001) que registaram um aumento do número total de frutos em plantas enxertadas em comparação com plantas não enxertadas.

No presente estudo, também se observou a influência da enxertia no comprimento, perímetro e circunferência dos frutos. Na variedade de frutos longos, o maior comprimento, diâmetro e circunferência das plantas enxertadas foi observado em frutos de *Solanum torvum** Pusa Shyamala e na variedade de frutos redondos o maior comprimento foi observado em *Solanum surathense* x Pusa Shyamala. Estes resultados estão de acordo com as observações de Matsuzoe *et al.* (1990) e Ali (1993), que referiram que os porta-enxertos influenciam o número de frutos, o comprimento e o diâmetro dos frutos.

Foram observadas diferenças significativas nas plantas enxertadas e não enxertadas no que respeita ao peso médio dos frutos na maturidade. Os frutos de *Solanum torvum* * Pusa Hybrid-6 registaram o peso mais elevado e o peso mais baixo foi observado em plantas não enxertadas. Chetelat e Peterson (2003) em tomate e Davis *et al.* (2008) em cucurbitáceas também observaram resultados semelhantes no que respeita ao peso dos frutos.

A enxertia da beringela em porta-enxertos de *Solanum* aumentou significativamente a produção de frutos por planta. Os resultados mostram que a Pusa Hybrid-6 enxertada em *Solanum torvum* teve o maior rendimento (1,32 kg/planta), seguida pela Pusa Shyamala enxertada em *Solanum torvum* (1,23 kg/planta), enquanto o menor rendimento de frutos por planta foi observado em plantas não enxertadas (0,56 kg/planta). Matsuzoe *et al.* (1990) e Ali (1993) também registaram a maior produção de frutos em beringela quando enxertada em porta-enxertos de *Solanum*.

5.6. Efeito dos porta-enxertos nos parâmetros bioquímicos da brinjal enxertada

Foram observadas diferenças significativas entre as plantas enxertadas e não enxertadas no que respeita ao teor de açúcares sólidos totais (%). O resultado mostra que o teor de SST dos frutos foi significativamente influenciado pela enxertia. O teor de SST das plantas não enxertadas foi significativamente mais elevado do que o das enxertadas. O SST mais elevado foi registado em plantas não enxertadas, (4,15^0 Brix) e seguido por *Solanum torvum** Pusa Hybrid-6 (4,02^0 Brix) e o mais baixo foi registado em *Solanum xanthocarpum* * Pusa Shyamala, (3,51^0 Brix). Estes resultados estão de acordo com as observações de Turhan *et al.* 2011 e Bletsos (2003) que relataram que a enxertia reduz a qualidade do fruto.

Os resultados mostram que o teor mais elevado de solasodina, 0,293 %, foi registado em *Solanum xanthocarpum* com Pusa Hybrid-6, seguido de *Solanum surathense* com Pusa Shyamala (0,202 %) e o mais baixo (0,108 %) obtido em plantas de controlo. Resultados semelhantes foram obtidos por Delma e Verma 2012, que relataram a propriedade de eliminação de radicais livres de *Solanum xanthocarpum*.

5.7. Efeito dos porta-enxertos na percentagem de infeção por murchidão bacteriana de brinjais enxertados

É evidente a partir dos resultados que as plantas enxertadas mostraram resistência contra a murchidão bacteriana e as plantas não enxertadas mostraram vulnerabilidade contra esta doença. No entanto, a percentagem de reação à murchidão diferiu para cada porta-enxerto. A infeção mais elevada foi observada em plantas não enxertadas (90,9 %), seguida de Pusa Shyamala enxertada com *Solanum surathense* (58,52 %) e a infeção mais baixa foi registada em *Solanum torvum* * Pusa Shyamala (12,22 %). Resultados semelhantes contra a murchidão bacteriana foram obtidos por Ali (1993) e Rahman *et al.* (2002).

A superioridade do porta-enxerto *Solanum torvum* em relação à resistência à infestação de murchidão bacteriana causada por *Ralstonia solanacearum* pode ser observada em linha com o trabalho concluído por Aribaud *et al.* (2014) que observaram um aumento na atividade da mono amina oxidase da parede celular em *Solanum torvum* após a inoculação de *Ralstonia solanacearum*.

Capítulo 6

RESUMO E CONCLUSÃO

A presente investigação, intitulada "Estudos sobre enxertia em Brinjal *(Solanum melongena* L.) para atributos de rendimento e qualidade", foi realizada na Quinta Experimental, Departamento de Ciências Vegetais, Faculdade de Horticultura e Silvicultura, Universidade Agrícola Central, Pasighat, Arunachal Pradesh, durante a estação das chuvas de 2013, com o objetivo de selecionar porta-enxertos de espécies selvagens de *Solanum* para enxertar em genótipos de beringela cultivados para obter rendimento e resistência a doenças.

O experimento foi realizado com quatro espécies silvestres de *Solanum* em delineamento inteiramente casualizado (DIC), aplicando oito tratamentos com quatro repetições. As plantas enxertadas foram cultivadas numa estufa de baixo custo. A taxa de sobrevivência das plantas enxertadas foi registada dez dias após a enxertia, os parâmetros de crescimento foram registados após sete semanas de enxertia e os atributos de rendimento e qualidade foram registados na fase de colheita.

A taxa de sobrevivência das plantas enxertadas foi mais elevada em todos os tratamentos, exceto em *Solanum xanthocarpum.* A enxertia aumentou o número de frutos e a produção de frutos em comparação com as plantas de controlo. As plantas enxertadas expressaram um sistema radicular mais vigoroso do que as plantas não enxertadas.

Entre todas as espécies selvagens de *Solanum, Solanum torvum* apresentou a reação menos suscetível, enquanto *Solanum khasianum* e *Solanum xanthocarpum* apresentaram uma reação suscetível média contra a infeção por murchidão bacteriana

Com base nos resultados da presente experiência, pode tirar-se a seguinte conclusão:

1. O método de enxertia por fenda é o mais bem sucedido em brinjal e a taxa de sobrevivência das plantas enxertadas foi mais elevada em *Solanum torvum* seguido de *Solanum surathense*

2. A combinação *Solanum torvum* * Pusa Hybrid-6 foi considerada a mais superior em termos de rendimento.

3. A resistência máxima contra a murchidão bacteriana também foi observada em *Solanum torvum*, seguida

de *Solanum Khasianum*.

Entre todos os porta-enxertos utilizados para enxertia em brinjal, *Solanum torvum* foi considerado o melhor porta-enxerto para enxertia de brinjal e promissor em termos de rendimento e resistência à murcha bacteriana. Pode concluir-se que a enxertia em brinjal é muito bem sucedida e tem uma influência positiva no crescimento, vigor, enraizamento e rendimento das plantas. A seleção de porta-enxertos resistentes a doenças também confere resistência contra a maioria das doenças transmitidas pelo solo.

6.1 LINHA DE TRABALHO FUTURA

1. Os porta-enxertos selvagens de *Solanum* do presente estudo podem ser utilizados em programas de melhoramento futuros para desenvolver porta-enxertos de beringela resistentes à murchidão.

2. Esta experiência pode ser repetida no campo e em parcelas de investigação para determinar o melhor porta-enxerto em termos de rendimento e qualidade.

3. Podem ser planeadas experiências com a aplicação de diferentes combinações de enxertos e porta-enxertos para estudar a compatibilidade dos enxertos.

Abdelmageed, A.H.A. e Gruda, N. 2009. Influência da enxertia no crescimento, desenvolvimento e alguns parâmetros fisiológicos do tomate em condições de stress térmico controlado. Jornal Europeu de Ciências da Horticultura, 74(1): 16-20.

Alan, O., Ozdemir, N. e Gunen, Y. 2007. Efeito da enxertia no crescimento, rendimento e qualidade da planta de melancia. Journal of Agronomy, 6(2): 362-365.

Ali, M. 1993. Workshop sobre investigação e desenvolvimento de culturas hortícolas. IPSCA-JICA, Gaziabad.

Ali, M., Alam, M.Z. e Akanda, M.A.M. 1994. Enxertia, uma técnica de controlo de doenças transmitidas pelo solo do tomate e da beringela. IPSCA-JICA. 4: 9-10.

Aribaud, M., Noirot, M., Fock, B.S. e Kodja, H. 2014. Comparação entre *Solanum torvum* SW. e *Solanum melongena* L. após a inoculação de *Ralstonia solanacearum*. Governo da Ciência (Estados Unidos).

Bekhradi, F., Kashi, A. e Delshad, M. 2011. Efeito de três porta-enxertos de cucurbitáceas no crescimento vegetativo e na produção de melancia 'Charleston Gray'. Revista Internacional de Produção Vegetal, 5(2): 1735-6814(print), 1735-8043(online).

Bhattacharya, S., Kohli, S. e Chaudary, A.S. 2013. Isolamento de solasodina dos frutos verdes de *Solanum xanthocarpum* e sua atividade anticâncer. Jornal Asiático do Cancro, 12(2): 199-213.

Bletsos, F. 2003. Efeito da enxertia no crescimento, rendimento e murcha de Verticillium da beringela. Journal of Horticulture Science, 38(2): 183-186.

Boughalleb, N., Mhamdi. M., Assadi, B.E., Bougri, Z.E., Tarchoun, N. e Romdhani, M. S. 2008. Avaliação da resistência da melancia enxertada contra a murcha de Fusarium e a podridão da coroa e da raiz de Fusarium. Asian Journal of Plant Pathology, 2(1): 24-29.

Broveli, E., Chansakaow, S., Farias, D., Hongratanaworakit, T., Omary, M.B., Vejabhikul, S., Cracker, L.E. e Gardner, Z.E. 2005. Extração de solasodina de frutos secos e folhas de *Solanum lecinatum* e síntese de acetato de 16-Dehydropregnenolone. Ata Horticulturae, 659.

Cherkaoui, S., Bekkouche, K., Christen, P. e Veuthey, J.L. 2001. Eletroforese capilar não aquosa com matriz de díodos e deteção espectrométrica de massa por electrospray para a análise de alcalóides esteroidais seleccionados em extractos de plantas. Journal of Chromatography, 922(1-2): 321-328.

Chetelat, R.T. e Petersen, J. 2003. Melhoria da manutenção das espécies de *Solanum* semelhantes ao tomate através de enxertia. TGC, 53:14.

Choudhury, B. 1976. Vegetables (4th edition). National Book Trust, Nova Deli, 50-58.

Cohen, R., Burger, Y., Horev, C., Porat, A. e Edelstein, M. 2005. Desempenho de melões do tipo Galia enxertados em porta-enxertos de *Curcurbita* em solos infestados e não infestados com *Monosporascus cannonballus*. Applied Biology, 146: 381-387.

Colla, G., Suarez, C.M.C., Cardarelli, M. e Rouphael, Y. 2010. Melhoria da eficiência da utilização de azoto no melão através de enxertia. Horticultural Science, 45(4): 559-565.

Collonnier, C., Fock, I., Kashyap , V., Rotino, G.L., Daunay , M.C., Lian , Y., Mariska , I.K., Rajam , M.V., Servaes , A., Ducreu X.G. e Sihachakr, D. 2001. Aplicações da biotecnologia na beringela. Plant Cell, Tissue and Organ Culture, 65: 91-107.

Crabbe, P.G. e Fryer, C. 1982. Avaliação da análise química para a determinação de solasodina em *Solanum lacinatum*. Journal of Pharmaceutical Sciences, 71(12): 1356-1362.

Curuk, S., Dagan, H.Y., Mansuroglu, S., Kurt, S., Mazmanoglu, M., Tarla, G. e Durgac, C. 2010. Composição mineral da folha de berinjela enxertada cultivada em solo infestado com Verticillium e nematóides de galhas. Pesquisa Agropecuária Brasileira, 45(8): 879-885.

Davis, A.R., Perkins- V.P., Sakata, Y., Lopez- G.S., Maroto, J.V., Lee, S.G., Huh, Y.C., Miguel, A., King, S.R., Cohen, R. e Lee, Y.M. 2008. Enxertia de cucurbitáceas. Critical Review of Plant Science, 27: 50-74.

Demla, M. e Verma, H. 2012. Atividade antioxidante *in vitro*, conteúdo fenólico total e flavanóide total de diferentes extractos de bagas de *Solanum xanthocarpum*. Revista Internacional de Farmácia e Ciências Farmacêuticas, 4(4): 975-1491.

Eltayb, M.T.A., Magid, T.D.A., Ahmed, R.M. e Ibrahim, A.A. 2013. Alterações morfológicas em enxertos devido à enxertia de berinjela e pimenta em porta-enxertos de tomate. Journal of Forest Products and Industies, 2(5):

2325-4513(print), 2325-453 (online).

Gao, H.Q., Xu, K., Wang, X.F. e Wu, F. 2006. Efeito da enxertia na tolerância ao frio em mudas de berinjela. Ata Horticulturae, 771-772.

Gebologlu, N., Yilmaz, E., Cakmak, P. Aydin, M. e Kasap, Y. 2011. Determinação do rendimento, qualidade e teor de nutrientes de tomates enxertados em diferentes porta-enxertos em cultura sem solo. Investigação Científica e Ensaios, 6(10): 2147-2153.

Gheewala, N.K., Saralaya, M.G., Sonara, G.B. e Gheewala, T.N. 2013. Avaliação fitoquímica do glicoalcalóide total em frutos secos de *Solanum nigrum* L. Current Pharma Research, 3(4): 1010-1013.

Gisbert, C., Prohens, J. e Nuez, F. 2011(a). Desempenho da berinjela enxertada em materiais cultivados, silvestres e híbridos de berinjela e tomate. Revista Internacional de Produção Vegetal, 5(4): 1735-6814.

Gisbert, C., Prohens, J., Raigon, M.D., Stommel, J.R. e Nuez, F. 2011(b). Efeito da enxertia na produção, qualidade e composição de frutos aparentes de berinjela. Scientia Horticulturae, 128: 1422.

Gisbert, C., Torres, P.S., Raigon, M.D. e Nuez, F. 2010. Avaliação da resistência ao *capsídeo de Phytophthora* em híbridos de pimenta, desempenho agronómico e qualidade dos frutos de plantas enxertadas de pimenta. Revista de Alimentos, Agricultura e Meio Ambiente, 8(1): 116-121.

Hernandez, J.C. A. 2012. Desempenho agronómico e incidência de doenças em plantas enxertadas de tomate *(Solanum lycopersicum)*. Ata Agronomica, 61(12): 108-116.

Ibrahim, A., Allah, M.W., Razzed, H.A. e Aladdin, A. 2014. Crescimento, rendimento, qualidade e eficiência do uso da água de plantas de tomate enxertadas cultivadas em estufa sob diferentes níveis de irrigação. Life Science Journal, 11(2): 118-126.

Ibrahim, M., Munira, M.K., Kabir, M.S., Islam, A.K.M.S. e Miah, M.M.U. 2001. Germinação de sementes e compatibilidade de enxertos de espécies selvagens de *Solanum* como porta-enxertos de tomate. Online Journal of Biological Sciences, 1(8): 701-703.

Bases de dados da horticultura indiana, Conselho Nacional de Horticultura. 2013. Sede, Gurgaon, Haryana.

Jang, Y., Moon, J.H., Lee, J.W., Lee, S.G., Kim, S.Y. e Chun, C. 2013. Efeito de diferentes porta-enxertos na qualidade dos frutos de pimentão enxertado. Journal of Horticultural Sciences and Technology, 31(6): 687-699.

Khan, E.M. 2011. Efeito da enxertia no crescimento, desempenho e rendimento da beringela em estufa e em campo aberto. Revista Internacional de Produção Vegetal, 5(4): 1735-6814 (impresso), 1735-8043 (online).

Khan, E.M., Katsoulas, N., Tchamitchian, M. e Kittas, C. 2011. Effect of grafting on eggplant leaf gas exchanges under Mediterranean greenhouse conditions (Efeito da enxertia nas trocas gasosas das folhas de beringela em condições de estufa mediterrânicas). Revista Internacional de Produção Vegetal, 5(2): 1735-6814 (impresso), 1735-8043 (online).

King, S.R., Davis, A.R., Liu, W. e Levi, A. 2008. Enxertia para resistência a doenças. Horticultural Science, 43(6): 1673-1676.

King, S.R., Davis, A.R., Zhang, X. e Crosby, K. 2010. Genética, melhoramento e seleção de porta-enxertos para Solanaceae e Cucurbiaceae. Scientia Horticulturae, 127: 106-111.

Kittipongpatana, N., Porter, J.H. e Hock, R.S. 1999. Um método melhorado de cromatografia líquida de alta eficiência para a quantificação de solasodina. Phyto-Chemical Analysis, 10: 26-31.

Kubota, C. e McClure, M.A. 2008. Enxertia de vegetais: história, utilização e estado atual da tecnologia na América do Norte. Horticulture Science, 43(6): 1664-1669.

Lee, J.M. 1994. Cultivo de vegetais enxertados-I. Situação atual, métodos de enxertia e benefícios. Situação atual, métodos de enxertia e benefícios. Horticultural Science, 29: 235-239.

Lee, J. M. e Oda, M. 2003. Enxertia de culturas hortícolas herbáceas e ornamentais. Horticultural Reviews, 28: 61-124.

Leonardi, C. e Giuffrida, F. 2006. Variação do crescimento das plantas e da absorção de macronutrientes em tomates e beringelas enxertados em três porta-enxertos diferentes. European Journal of Horticultural Sciences, 71(3): 97-101.

Lykas, C.H., Kittas, C. e Zambeka, A. 2007. Eficiência da utilização de água e fertilizantes em plantas de tomate enxertadas e não enxertadas em cultura sem solo. Ata Horticulturae, 801(2): 1551-1556.

Marsic, N.K. e Osvald, J. 2004. A influência da enxertia no rendimento de duas cultivares de tomate cultivadas numa estufa de plástico. Ata Agriculture Slovenica, 83(2): 243-249.

Matsuzoe, N., Ali, M., Okabo, H. e Fujieda, K. 1990. Growth behaviour of tomato plants grafted on wild *Solanum melongena* L. Japanese Society of Horticultural Science, 59: 358359.

Mendoza, C.C., Sanchez, E., Milan, E.C., Marquez, E.M. e Aguilar, G. 2013. Caracterização da qualidade nutracêutica e atividade antioxidante em pimentão em resposta à enxertia. Journal of Molecules, 18: 15689-15703.

Mohammadi, R.S., Kashi, A., Lee, S.G., Huh, Y.C., Lee, J.M., Babalar, M. e Delshad, M. 2009. Avaliação da taxa de sobrevivência e do desempenho de crescimento do enxerto de melão iraniano em porta-enxertos de cucurbitáceas. Journal of Horticultural Science & Technology, 27(1): 1-6.

Mohammed, S.M.T., Humidan, M., Boras, M. e Abdalla, O.A. 2009. Efeito da enxertia em diferentes porta-enxertos no crescimento e na produtividade em condições de estufa. Jornal Asiático de Investigação Agrícola, 3(2): 1819-1894.

Na, L., Li, Z.B., Jing, H., Bo, L. e Min, Z.W. 2012. Características biológicas da beringela enxertada em porta-enxertos de tomate. Jornal Africano de Investigação Agrícola, 7(18): 27912799.

Ndereyimana, A., Praneetha, S., Pugalendhi, L., Pandian, B.J. e Rukundo, P. 2013. Parâmetros de precocidade e rendimento de enxertos de berinjela *(Solanum melongenaL.)* sob diferentes espaçamentos e níveis de fertirrigação. Jornal Africano de Ciências Vegetais, 7(11): 543-547.

Oda, M. 1995. Novos métodos de enxertia para hortícolas de fruto no Japão. JARQ, 29: 187194.

Oda, M. 2002. Enxertia de culturas hortícolas. Agricultura e Ciências Biológicas, 54: 49-72.

Pandey, A.K. e Rai, M. 2003. Prospects of grafting in vegetables: an appraisal (Perspectivas da enxertia em produtos hortícolas: uma avaliação). Vegetable Science, 30(2): 101-109.

Panse, V.G. e Sukhatme, P.V. 1985. Statistical Methods for Agricultural Workers. Indian Council of Agricultural Reaserch, 359.

Petran, A. e Hoover, E. 2014. *Solanum torvum* como porta-enxerto compatível na enxertia interespecífica de tomate. Journal of Horticulture, 1(1): 103.

Petropoulos, S.A., Khahb, E.M. e Passamc, H.C. 2012. Avaliação de porta-enxertos para enxertia de melancia com referência ao desenvolvimento da planta, rendimento e qualidade dos frutos. Revista Internacional de Produção Vegetal, 6(4): 1735-6814 (impresso), 1735-8043 (online).

Pofu, K.M., Mashela, P.W., Mokgoloang, N.M. e Mafeo, T.P. 2011. Floração e produtividade de cultivares de melancia em enxertia intergenérica em porta-enxertos de plântulas de *Cucumis* resistentes a nemátodos em campos infestados de *Meloidogyne*. Sociedade Africana de Ciência das Culturas, 10: 421-424.

Pulgar, G., Villorar, G., D.A., M. e Romero, L. 2000. Melhoria da nutrição mineral em plantas de melancia enxertadas: Metabolismo do azoto. Biological Plantarum, 43: 607-609.

Rahman, M.A., Rashid, M.A., Husain, M.M., Salam, M.A. e Mason, A.S.M.H. 2002(a). Compatibilidade de enxertia de variedades de beringela cultivadas com espécies selvagens de *Solanum*. Jornal de Ciências Biológicas do Paquistão, 5(7): 755-757.

Rahman, M.A., Rashid, M.A., Salam, M.A., Maud, M.A.T., Mecum, A.S.M.H. e Husain, M.M. 2002(b). Performance of some eggplant genotypes on wild *Solanum* root stocks against root-knot nematode. Online Journal of Biological Sciences, 2(7): 446-448.

Rivard, C.S. e Louws, F.J. 2008. Enxertia para a gestão de doenças transmitidas pelo solo na produção de tomates tradicionais. Horticultural Sciences, 43(7): 2104-2111.

Rivero, R.M., Ruiz, J.M. e Romero, L. 2003. Papel da enxertia em plantas hortícolas sob condições de stress. Journal of Food, Agriculture and Environment, 1(1): 70-74.

Rodriquez, M.M. e Bosland, P.W. 2010. Enxertia de pimentão em porta-enxertos de tomate. The Journal of Young Investigators, 20(2): 1-6.

Rouphael, Y., Schwarz, D., Krumbien e Colla, G. 2010. Impacto da enxertia na qualidade do produto de hortaliças de fruto. Scientia Horticulturae, 27: 172-179.

Saini, V., Midha, A., Rathore, M.S., Taleasara, A., Rahangdale, R.K. e Baser, M. 2007. Um novo método HPLC para a determinação de solasodina a partir de formulações de cápsulas de *Solanum xanthocarpum*. Arquivos de Plantas, 7(1): 223-224.

Schwarza, D., Rouphaelb, Y., Collac, G. e Venemad, J.H. 2010. A enxertia como ferramenta para melhorar a tolerância dos vegetais aos stresses abióticos: Stress térmico, stress hídrico e poluentes orgânicos. Scientia Horticulturae, 127: 162-171.

Singani, S.S.A., Eltayed. E.A., Kamal, Y.K. e Ahmed, S. 2013. Estimativa quantitativa de solasodina em plantas de *Solanum incanum* cultivadas em Omã por HPLC. Jornal Internacional de Farmacognosia e Fitoquímica, 28(1): 2051-7858.

Singh, P.K. e Gopalakrishna, T.K. 1997. Enxertia para resistência à murcha e produtividade em brinjal. Horticultural Journal of India, 10(2): 57-64.

Singh, P.K. e Rao, M. 2014. Papel da enxertia em culturas de cucurbitáceas. Agricultural Reviews, 35(1): 24-33.

Sonal, D., Pratima, T. e Satish, G. 2014. Um novo método HPLC-DAD validado para a estimativa de solasodina a partir de extractos e formulação de *Solanum nigrum* L.. The Natural Products Journal, 4(3): 196-200.

Suthar, M.R., Singh, G.P., Rana, M.K. e Makhan, L. 2005. Growth and fruit yield of brinjal *(Solanum melongena* L.) as influenced by planting dates and fertility levels. Crop Research Journal, 30(1): 77-79.

Toogood, A. 1999. Propagação de plantas. Sociedade Americana de Propagação de Plantas. D. K. Publishing, Londres. 100-131.

Turhan, A., Ozmen, N., Serbrci, M.S. e Seniz, V. 2011. Efeitos da enxertia em diferentes porta-enxertos na produção e qualidade dos frutos de tomate. Horticultural Sciences, 38: 142-149.

Vavilov, N.I. 1928. Actas do 5th Congresso Internacional de Genética, Nova Iorque, 42369.

Venema, J.H., Elzenga, J.T.M. e Bouwmeester, H.J. 2011. Seleção e criação de porta-enxertos robustos como ferramenta para melhorar a eficiência da utilização de nutrientes e a tolerância ao stress abiótico no tomate, Ata Horticulturae, 915: 109-116.

Weissenberg, M. 2001. Isolamento de solasodina, outros alcalóides esteroidais e sapogeninas por hidrólise direta, extração de espécies de *Solanum*. Fitoquímica, 58(3): 501-508.

Yilmaz, S., Celik, I. e Zengin, S. 2011. Efeitos combinados da solarização do solo e da enxertia no rendimento das plantas e nos agentes patogénicos transmitidos pelo solo em pepino. Revista Internacional de Produção Vegetal, 5(1): 1735-6814 (impresso), 1735-8043 (online).

Yogananth, N., Bhakyaraj, R., Chanthuru, A., Parvathi, S. e Palanivel, S. 2009. Análise comparativa de solasodina de culturas in *vitro* e in vivo de *Solanum nigrum,* L. Kathmandu University Journal of Science, Engineering and Technology, 5(1): 99-103.

Dados Meteorológicos-2014

Os dados agro-meteorológicos apresentados abaixo são o valor médio do mês. Foram recolhidos com base na observação diária do temporizador digital incorporado, que mostrava a temperatura interior e a humidade relativa da estufa.

Month	Average Temperature (°C)	Average Relative humidity (%)
JULY (2014)	30.4	96.5
AUGUST (2014)	28.7	92.3
SEPTEMBER (2014)	31.0	90.6
OCTOBER (2014)	30.2	95.4
NOVEMBER (2014)	28.4	86.3
DECEMBER (2014)	19.3	85.5
JANUARY (2015)	15.4	78.8

Fonte: Observatório Meteorológico Departamento de NRM, CHF, CAU, Pasighat

Expansões

HPLC-Cromatografia líquida de alta eficiência

IAA-Ácido indole-3-acético

BAP-Benzil Amino Purina

NAA-1-Ácido naftelenoacético

Mg-milli grama

g-grama

Kg-quilo grama

Litro-litro

ml-milli litro

CRD-Desenho Completamente Aleatório

DAG-Dias após a enxertia

cm-Centi metro

mm-Milli metro

m-metro

^{0}B-Grau Brix

CD-Diferença crítica

%-Percentagem

SED- Soma das diferenças de erro

Fig.4.1. Efeito de diferentes combinações de porta-enxertos e enxertos de *Solanum* na relação entre percentagem de sobrevivência, altura da planta e número de folhas por planta

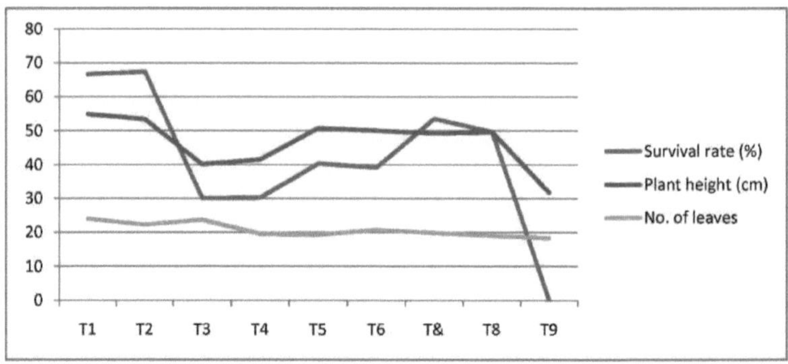

₇₁= *Solanum torvum* x Pusa Shyamala, T_2 = *Solanum torvum* x Pusa Hybrid-6, T_3 = *Solanum xanthocarpum* x Pusa Shyamala T_4 = *Solanum xanthocarpum* x Pusa Hybrid-6, T_5 = *Solanum khasianum x Pusa* Shyamala, T_6 = *Solanum khasianum* x Pusa Hybrid-6, T_7 = *Solanum surathense x* Pusa Shyamala, T_8 = *Solanum surathense* x Pusa Hybrid-6 T_9 = plantas de controlo

Fig.4.2. Efeito de diferentes combinações de porta-enxertos e enxertos de *Solanum* na relação entre dias para a primeira floração, dias necessários para a frutificação até a maturidade e número de frutos por planta

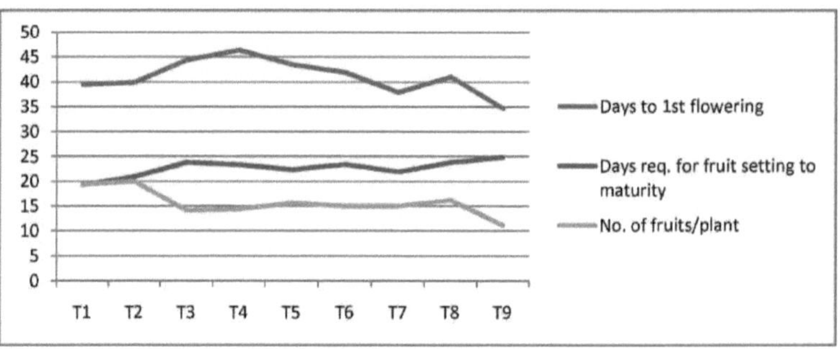

T₁= *Solanum torvum* x Pusa Shyamala, T_2 = *Solanum torvum* x Pusa Hybrid-6, T_3 = *Solanum xanthocarpum x* Pusa Shyamala T_4 = *Solanum xanthocarpum* x Pusa Hybrid-6, T_5 = *Solanum khasianum x Pusa* Shyamala, T_6 = *Solanum khasianum* x Pusa Hybrid-6, T_7 = *Solanum surathense x* Pusa Shyamala, T_8 = *Solanum surathense* x Pusa Hybrid-6 T_9 = plantas de controlo

Fig.4.3. Efeito de diferentes combinações de porta-enxertos e enxertos de *Solanum* na relação entre o peso do fruto e o peso do fruto por planta

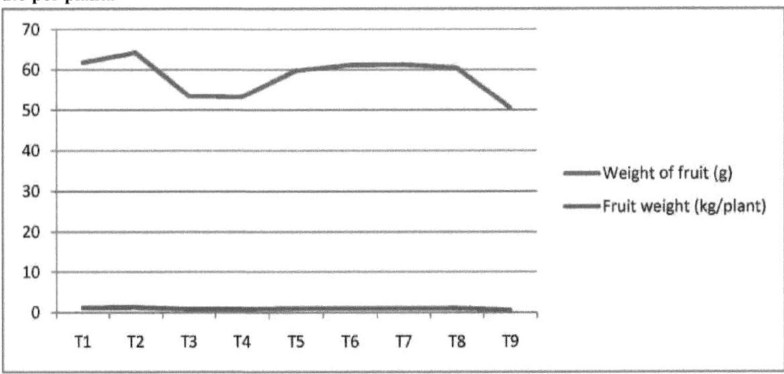

T_1= *Solanum torvum* x Pusa Shyamala, T_2 = *Solanum torvum* x Pusa Hybrid-6, T_3 = *Solanum xanthocarpum* x Pusa Shyamala T_4 = *Solanum xanthocarpum* x Pusa Hybrid-6, T_5 = *Solanum khasianum x Pusa* Shyamala, T_6 = *Solanum khasianum* x Pusa Hybrid-6, T_7 = *Solanum surathense x* Pusa Shyamala, T_8 = *Solanum surathense* x Pusa Hybrid-6 T_9 = plantas de controlo

Fig.4.4. Efeito de diferentes combinações de porta-enxertos e enxertos de *Solanum* na relação entre número, comprimento, peso fresco e peso seco das raízes

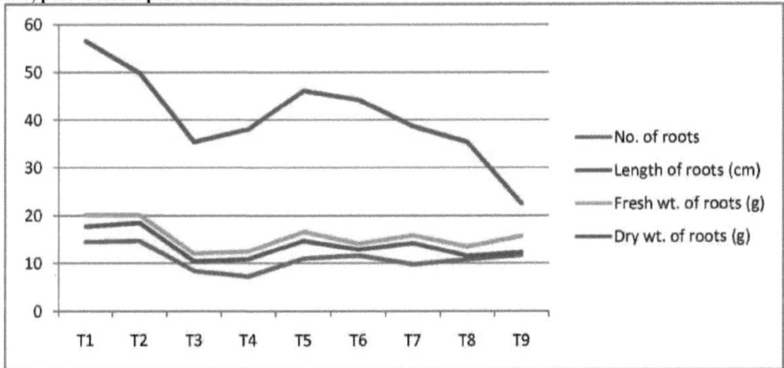

T_1= *Solanum torvum* x Pusa Shyamala, T_2 = *Solanum torvum* x Pusa Hybrid-6, T_3 = *Solanum xanthocarpum x* Pusa Shyamala T_4 = *Solanum xanthocarpum* x Pusa Hybrid-6, T_5 = *Solanum khasianum x Pusa* Shyamala, T_6 = *Solanum khasianum* x Pusa Hybrid-6, T_7 = *Solanum surathense x* Pusa Shyamala, T_8 = *Solanum surathense* x Pusa Hybrid-6 T_9 = plantas de controlo

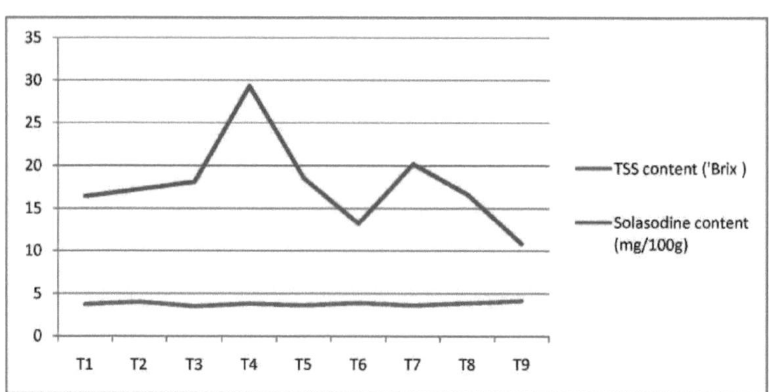

T1= *Solanum torvum* x Pusa Shyamala, T_2 = *Solanum torvum* x Pusa Hybrid-6, T_3 = *Solanum xanthocarpum* x Pusa Shyamala T_4 = *Solanum xanthocarpum* x Pusa Hybrid-6, T_5 = *Solanum khasianum x Pusa* Shyamala, T_6 = *Solanum khasianum* x Pusa Hybrid-6, T_7 = *Solanum surathense x* Pusa Shyamala, T_8 = *Solanum surathense* x Pusa Hybrid-6 T_9 = plantas de controlo

Fig.4.6. Efeito de diferentes combinações de porta-enxertos e enxertos de *Solanum* na percentagem de infeção por murchidão bacteriana

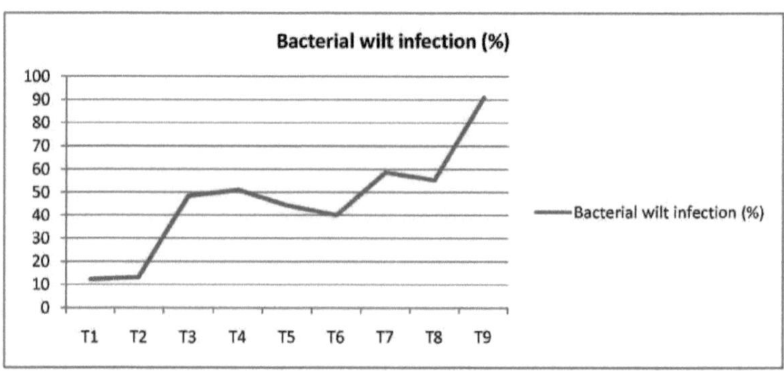

T1= *Solanum torvum* x Pusa Shyamala, T_2 = *Solanum torvum* x Pusa Hybrid-6, T_3 = *Solanum xanthocarpum x* Pusa Shyamala T_4 = *Solanum xanthocarpum* x Pusa Hybrid-6, T_5 = *Solanum khasianum x Pusa* Shyamala, T_6 = *Solanum khasianum* x Pusa Hybrid-6, T_7 = *Solanum surathense x* Pusa Shyamala, T_8 = *Solanum surathense* x Pusa Hybrid-6 T_9 = plantas de controlo

Tabela No.4.1.Efeito de diferentes porta-enxertos de *Solanum* e combinações de enxertos na percentagem de sobrevivência, altura da planta e número de folhas por planta

S. No	Treatment combinations	Survival rate of grafted plants (%)	Height (cm)	Number of leaves
1.	S. torvum × Pusa Shyamala	66.575	54.875	24.000
2.	S. torvum × Pusa Hybrid-6	67.350	53.375	22.250
3.	S. Xanthocarpum × Pusa Shyamala	30.025	40.125	23.750
4.	S. xanthocarpum × Pusa Hybrid-6	30.150	41.500	19.625
5.	S. khasianum × Pusa Shyamala	40.300	50.813	19.375
6.	S. khasianum × Pusa Hybrid-6	39.225	50.000	20.750
7.	S. surathense × Pusa Shyamala	53.500	49.250	19.875
8.	S. surathense × Pusa Hybrid-6	49.675	49.625	19.000
9.	Non grafted plants	-	31.750	18.375
10.	CD(0.05)	4.508	8.021	3.772
11.	SED	2.183	3.9	1.838

Quadro No.4.2.Efeito de diferentes combinações de porta-enxertos e enxertos de *Solanum* nos dias necessários para a primeira floração, dias necessários para a maturação dos frutos, número de frutos por planta e peso dos frutos das plantas enxertadas

S. No	Treatment combinations	Days to first flowering	Days required for fruit setting to maturity	No. of fruits /plant	Weight of fruit (g)	fruit weight (kg /plant)
1.	S. torvum × Pusa Shyamala	39.425	19.313	19.375	61.813	1.234
2.	S. torvum × Pusa Hybrid-6	39.875	20.938	20.000	64.250	1.323
3.	S. xanthocarpum ×	44.375	23.813	14.125	53.500	0.757
	Pusa Shyamala					
4.	S. xanthocarpum × Pusa Hybrid-6	46.375	23.375	14.375	53.250	0.765
5.	S. khasianum × Pusa Shyamala	43.463	22.375	15.625	59.813	0.956
6.	S. khasianum × Pusa Hybrid-6	41.875	23.438	15.000	61.188	0.925
7.	S. surathense × Pusa Shyamala	37.875	21.938	15.000	61.250	0.942
8.	S. surathense × Pusa Hybrid-6	41.000	23.813	16.250	60.500	1.007
9.	Non grafted plants	34.625	24.875	11.125	50.563	0.566
10.	CD (0.05)	5.858	2.428	1.958	6.199	0.159
11.	SED	2.853	1.183	0.954	3.02	0.077

Tabela No.4.3.Efeito de diferentes porta-enxertos de *Solanum* e combinações de enxertos nos atributos dos frutos

S. No	Type of variety	Treatment combinations	Length of fruits (cm)	Diameter of fruits (cm)	Circumference of fruits (cm)
1.	long fruited variety	*S. torvum* × Pusa Shyamala	11.255	3.555	11.125
2.		*S. xanthocarpum* × Pusa Shyamala	9.730	2.690	8.365
3.		*S. khasianum* × Pusa Shyamala	9.940	2.710	8.973
4.		*S. surathense* × Pusa Shyamala	9.090	3.303	10.365
5.		CD (0.05)	1.745	0.342	0.955
6.		SED	0.8	0.156	0.438
1.	round fruited variety	*S. torvum* × Pusa Hybrid-6	5.718	4.923	15.273
2.		*S. Xanthocarpum* × Pusa Hybrid-6	4.485	4.205	12.368
3.		*S. khasianum* × Pusa Hybrid-6	4.248	3.610	11.943
4.		*S. surathense* × Pusa Hybrid-6	6.028	4.410	13.798
5.		CD (0.05)	0.621	0.440	1.644
6.		SED	0.284	0.201	0.754

S. No	Treatment combinations	Number of roots	Length of roots (cm)	Fresh weight of roots (g)	Dry weight of roots (g)
1.	*S. torvum* × Pusa Shyamala	14.500	56.500	20.125	17.750
2.	*S. torvum* × Pusa Hybrid-6	14.750	49.875	20.125	18.500
3.	*S. xanthocarpum* × Pusa Shyamala	8.375	35.375	12.000	10.375
4.	*S. xanthocarpum* × Pusa Hybrid-6	7.250	38.000	12.500	10.850
5.	*S. khasianum* × Pusa Shyamala	11.000	46.125	16.625	14.750
6.	*S. khasianum* × Pusa Hybrid-6	11.625	44.250	14.125	12.875
7.	*S. surathense* × Pusa Shyamala	9.750	38.625	15.875	14.250
8.	*S. surathense* × Pusa Hybrid-6	10.750	35.375	13.500	11.500
9.	Non grafted plants	11.750	22.500	15.750	12.250
10.	CD(0.05)	3.155	14.713	5.473	5.157
11.	SED	1.537	7.167	2.666	2.513

Quadro No.4.5.Efeito de diferentes combinações de porta-enxertos e enxertos de *Solanum* nos parâmetros bioquímicos e na infeção por murchidão bacteriana

S. No	Treatment combinations	TSS content (°Brix)	Solasodine content (%)	Bacterial wilt infection (%)
1.	*S. torvum* × Pusa Shyamala	3.730	0.164	12.15
2.	*S. torvum* × Pusa Hybrid-6	4.023	0.172	13.15
3.	*S. Xanthocarpum* × Pusa Shyamala	3.515	0.181	48.40
4.	*S. xanthocarpum* × Pusa Hybrid-6	3.823	0.293	51.00
5.	*S. khasianum* × Pusa Shyamala	3.620	0.185	44.30
6.	*S. khasianum* × Pusa Hybrid-6	3.898	0.132	40.00
7.	*S. surathense* × Pusa Shyamala	3.610	0.202	58.52
8.	*S. surathense* × Pusa Hybrid-6	3.863	0.166	55.30
9.	Non grafted plants	4.158	0.108	90.90
10.	CD(0.05)	0.248	0.019	2.279
11.	SED	0.137	Nil	1.11

Plantas enxertadas na fase de floração

plantas enxertadas em fase de frutificação

Placa n.º 2 Plantas enxertadas e seus frutos

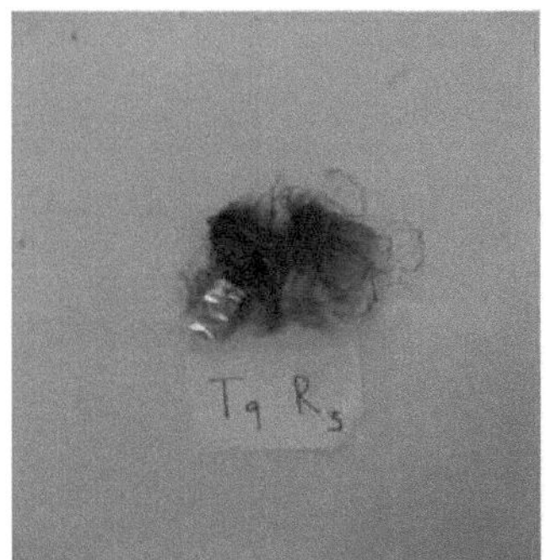

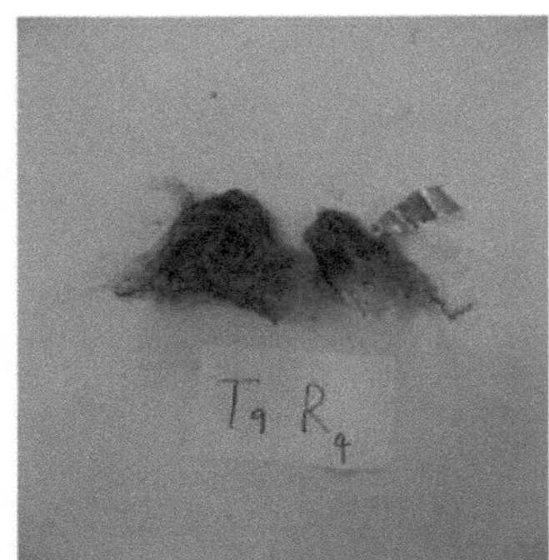

Placa n.º 3 Comportamento de enraizamento dos genótipos de
brinjal

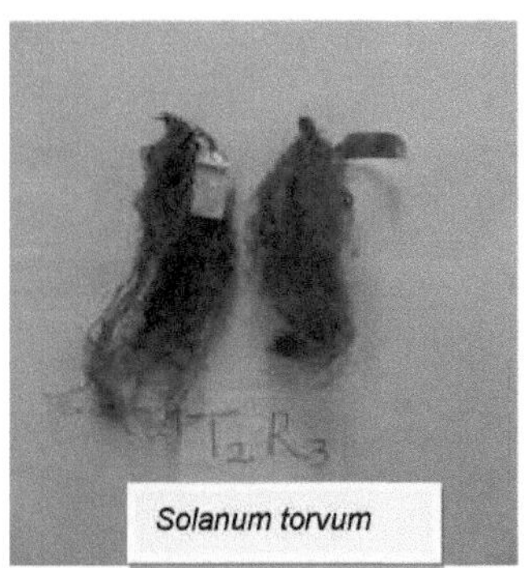

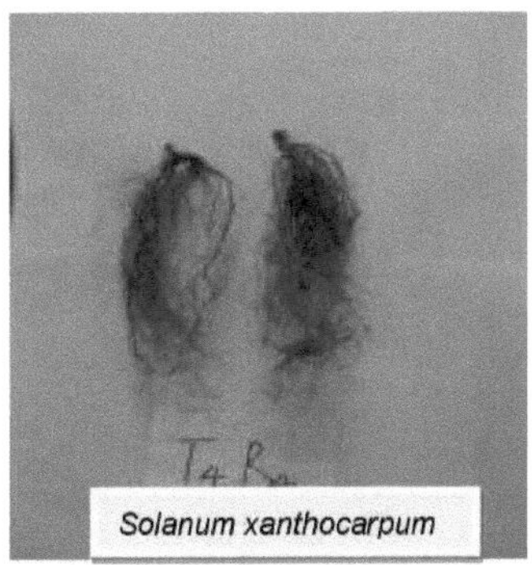

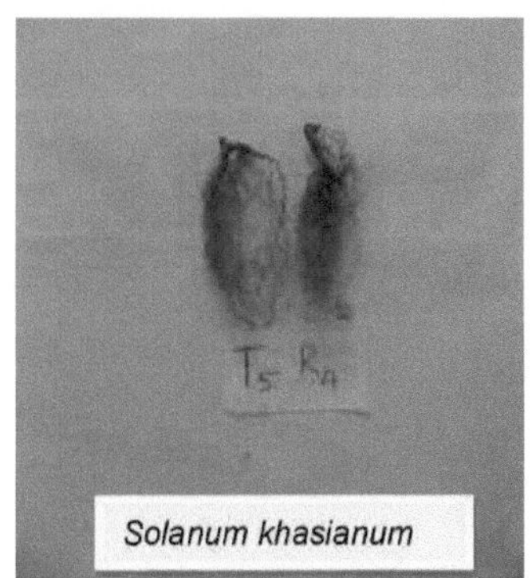

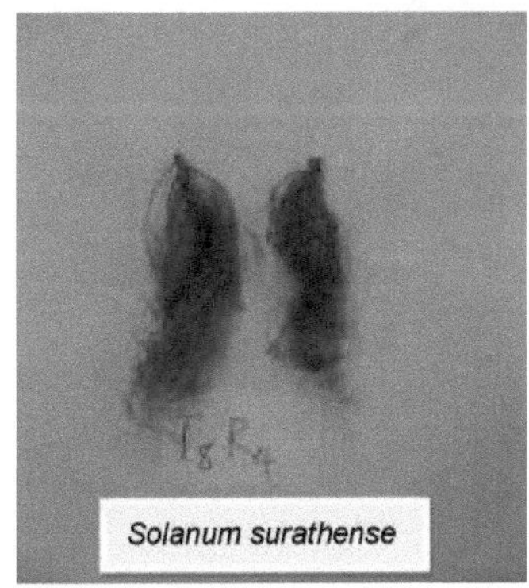

Placa n.º 4 Comportamento de enraizamento das plantas enxertadas

Placa n.º 1 Porta-enxertos de espécies selvagens de
Solanum

<u>VITA</u>

O autor nasceu a 06 de abril de 1991 em Lakshmipuram, distrito de Nalgonda (Telangana). Concluiu o ensino secundário na Z.P.P. High School, Mangalpally, com 1st divisão em 2006. Passou o exame intermédio em 2008 em Nakrekal (Telangana) com 1st divisão.

Concluiu o bacharelato em Horticultura na Universidade de Horticultura Dr. Y. S. R., Pasighat, Mahaboobnagar (Telangana) em 2013 com 1st divisão. Posteriormente, foi admitido na Faculdade de Horticultura e Silvicultura da Universidade Agrícola Central, Pasighat (Arunachal Pradesh), como estudante de mestrado (Horticultura) no departamento de Ciências Vegetais.

Endereço:

B. Ashok Kumar

Lakshmipuram,

Thipparthi- 508249, Telangana

Correio eletrónico: ashokkumarcau@gmail.com

Printed by Books on Demand GmbH, Norderstedt / Germany